Albert Einstein

Über die spezielle und die allgemeine Relativitätstheorie

Facetten der Physik

Physik hat viele
Facetten: historische, technische,
soziale, kulturelle, philosophische und
amüsante. Sie können wesentliche und
bestimmende Motive für die Beschäftigung
mit den Naturwissenschaften sein. Viele
Lehrbücher lassen diese „Facetten der
Physik“ nur erahnen. Daher soll
unsere Buchreihe ihnen
gewidmet sein.

Prof. Dr. Roman Sexl
Begründer der Buchreihe

Eine Liste der erschienenen Bände
finden Sie auf den Seiten 113 bis 118.

Albert Einstein

Über die spezielle und die allgemeine Relativitätstheorie

23. Auflage

Mit 4 Abbildungen

Friedr. Vieweg & Sohn Braunschweig / Wiesbaden

Das Umschlagsbild zeigt *Albert Einstein* im Alter von etwa 29 Jahren. Das Photo entstand an Einsteins Arbeitstisch im Patentamt in Bern. Abdruck aus *A. Pais*, „Raffiniert ist der Herrgott ...". Albert Einstein. Eine wissenschaftliche Biographie (Vieweg, Braunschweig 1986). – Das Original befindet sich im Einstein-Archiv.

Diese Auflage folgt der 22. Auflage (1972), die als Sonderausgabe der 21. Auflage (1969) erschien.

1. Auflage 1917
.
.
.
16., erweiterte Auflage 1954
.
.
.
21. Auflage 1969, mit zahlreichen Nachdrucken
(Erschien als Band 59 in der Reihe Wissenschaftliche Taschenbücher WTB.)
22. Auflage 1972
23. Auflage 1988

Der Verlag Vieweg ist ein Unternehmen der Verlagsgruppe Bertelsmann.

Friedr. Vieweg & Sohn Verlagsgesellschaft mbH, Braunschweig 1988

Druck und buchbinderische Verarbeitung: Lengericher Handelsdruckerei, Lengerich
Printed in Germany

ISBN 3-528-16059-4

Vorwort

Das vorliegende Büchlein soll solchen eine möglichst exakte Einsicht in die Relativitätstheorie vermitteln, die sich vom allgemein wissenschaftlichen, philosophischen Standpunkt für die Theorie interessieren, ohne den mathematischen Apparat[1]) der theoretischen Physik zu beherrschen. Die Lektüre setzt etwa Maturitätsbildung und – trotz der Kürze des Büchleins – ziemlich viel Geduld und Willenskraft beim Leser voraus. Der Verfasser hat sich die größte Mühe gegeben, die Hauptgedanken möglichst deutlich und einfach vorzubringen, im ganzen in solcher Reihenfolge und in solchem Zusammenhange, wie sie tatsächlich entstanden sind. Im Interesse der Deutlichkeit erschien es mir unvermeidlich, mich oft zu wiederholen, ohne auf die Eleganz der Darstellung die geringste Rücksicht zu nehmen; ich hielt mich gewissenhaft an die Vorschrift des genialen Theoretikers L. BOLTZMANN, man solle die Eleganz Sache der Schneider und Schuster sein lassen. Schwierigkeiten, die in der Sache begründet liegen, glaube ich dem Leser nicht vorenthalten zu haben. Dagegen habe ich die empirischen

---

[1]) Die mathematischen Grundlagen der speziellen Relativitätstheorie findet man in den bei B.G. Teubner in der Monographiensammlung „Fortschritte der mathematischen Wissenschaften" unter dem Titel „Das Relativitätsprinzip" erschienenen Originalabhandlungen von H. A. LORENTZ, A. EINSTEIN, H. MINKOWSKI, sowie in M. LAUEs ausführlichem Buche „Das Relativitätsprinzip" (Verlag Friedr. Vieweg & Sohn, Braunschweig). Die allgemeine Relativitätstheorie nebst den zugehörigen mathematischen Hilfsmitteln der Invariantentheorie ist in der Broschüre des Verfassers „Die Grundlagen der allgemeinen Relativitätstheorie" (Joh. Ambr. Barth, 1916) behandelt; diese Broschüre setzt einige Vertrautheit mit der speziellen Relativitätstheorie voraus.

physikalischen Unterlagen der Theorie absichtlich stiefmütterlich behandelt, damit es dem der Physik ferner stehenden Leser nicht ergehe wie dem Wanderer, der vor lauter Bäumen keinen Wald sieht. Möge das Büchlein manchem einige frohe Stunden der Anregung bringen!

Dezember 1916. A. EINSTEIN

Inhaltsverzeichnis

Erster Teil

Über die spezielle Relativitätstheorie

Zweiter Teil

Über die allgemeine Relativitätstheorie

Betrachtungen über die Welt als Ganzes

Anhang

Erster Teil
Über die spezielle Relativitätstheorie

§ 1 Physikalischer Inhalt geometrischer Sätze

Gewiß hast auch du, lieber Leser, als Knabe oder Mädchen mit dem stolzen Gebäude der Geometrie Euklids Bekanntschaft gemacht und erinnerst dich vielleicht mit mehr Achtung als Liebe an den stolzen Bau, auf dessen hohen Treppen du von gewissenhaften Fachlehrern in ungezählten Stunden umhergejagt wurdest. Gewiß würdest du kraft dieser deiner Vergangenheit jeden mit Verachtung strafen, der auch nur das abgelegenste Sätzchen dieser Wissenschaft für unwahr erklärte. Aber dies Gefühl stolzer Sicherheit verließe dich vielleicht sogleich, wenn dich einer fragte: „Was meinst du denn mit der Behauptung, daß diese Sätze wahr seien?" Bei dieser Frage wollen wir ein wenig verweilen.

Die Geometrie geht aus von gewissen Grundbegriffen, wie Ebene, Punkt, Gerade, mit denen wir mehr oder minder deutliche Vorstellungen zu verbinden imstande sind, und von gewissen einfachen Sätzen (Axiomen), die wir auf Grund jener Vorstellungen als „wahr" hinzunehmen geneigt sind. Alle übrigen Sätze werden dann auf Grund einer logischen Methode, deren Berechtigung wir uns anzuerkennen genötigt fühlen, auf jene Axiome zurückgeführt, d.h. bewiesen. Ein Satz ist dann richtig bzw. „wahr", wenn er in der anerkannten Weise aus den Axiomen hergeleitet ist. Die Frage nach der „Wahrheit" der einzelnen geometrischen Sätze führt also zurück auf die Frage nach der „Wahrheit" der Axiome. Längst aber ist es bekannt, daß die letztere Frage nicht nur durch die Methoden der Geometrie nicht beantwortbar, sondern überhaupt an sich ohne Sinn ist. Man kann nicht fragen, ob es wahr sei, daß durch zwei

Punkte nur *eine* Gerade hindurchgeht. Man kann nur sagen, daß die euklidische Geometrie von Gebilden handelt, die sie „Gerade" nennt, und denen sie die Eigenschaft beilegt, durch zwei ihrer Punkte eindeutig bestimmt zu sein. Der Begriff „wahr" paßt nicht auf die Aussagen der reinen Geometrie, weil wir mit dem Worte „wahr" in letzter Linie stets die Übereinstimmung mit einem „realen" Gegenstande zu bezeichnen pflegen; die Geometrie aber befaßt sich nicht mit der Beziehung ihrer Begriffe zu den Gegenständen der Erfahrung, sondern nur mit dem logischen Zusammenhang dieser Begriffe untereinander.

Daß wir uns trotzdem dazu hingezogen fühlen, die Sätze der Geometrie als „wahr" zu bezeichnen, erklärt sich leicht. Den geometrischen Begriffen entsprechen mehr oder weniger exakt Gegenstände in der Natur, welch letztere ohne Zweifel die alleinige Ursache für die Entstehung jener Begriffe sind. Mag die Geometrie, um ihrem Gebäude die größtmögliche logische Geschlossenheit zu geben, hiervon Abstand nehmen; die Gewohnheit, beispielsweise in einer Strecke zwei markierte Stellen auf *einem* praktisch starren Körper zu sehen, steckt tief in unseren Denkgewohnheiten. Wir sind ferner gewohnt, drei Orte als auf einer Geraden befindlich anzunehmen, wenn wir ihre scheinbaren Sehorte durch passende Wahl des Beobachtungsortes bei einäugigem Sehen zusammenfallen lassen können.

Wenn wir nun, der Denkgewohnheit folgend, den Sätzen der euklidischen Geometrie den einzigen Satz zufügen, daß zwei Punkten eines praktisch starren Körpers stets die nämliche Entfernung (Strecke) entspreche, was für Lagenänderungen wir auch mit dem Körper vornehmen mögen, so werden aus den Sätzen der euklidischen Geometrie Sätze über die mögliche relative Lagerung praktisch starrer Körper[1]. Die so ergänzte Geometrie ist dann als ein

1 Damit ist auch der geraden Linie ein Naturobjekt zugeordnet. Drei Punkte eines starren Körpers A, B, C liegen dann in einer Geraden, wenn bei gegebenen Punkten A und C der Punkt B so gewählt ist, daß die Summe der Entfernungen $\overline{AB}$ und $\overline{BC}$ möglichst gering wird. Diese lückenhafte Andeutung mag in diesem Zusammenhang genügen.

Zweig der Physik zu behandeln. Jetzt kann mit Recht nach der „Wahrheit“ so interpretierter geometrischer Sätze gefragt werden, denn es kann gefragt werden, ob jene Sätze zutreffen für diejenigen realen Dinge, welche wir den geometrischen Begriffen zugeordnet haben. Etwas ungenau können wir also sagen, daß wir unter der „Wahrheit“ eines geometrischen Satzes in diesem Sinne sein Zutreffen bei einer Konstruktion mit Zirkel und Lineal verstehen.

Die Überzeugung von der „Wahrheit“ der geometrischen Sätze in diesem Sinne beruht natürlich ausschließlich auf ziemlich unvollkommenen Erfahrungen. Wir werden jene Wahrheit der geometrischen Sätze zunächst voraussetzen, um dann im letzten Teil unserer Betrachtungen (bei der allgemeinen Relativitätstheorie) zu sehen, daß und inwiefern jene Wahrheit ihre Grenzen hat.

§ 2 Das Koordinatensystem

Auf Grund der angedeuteten physikalischen Interpretation des Abstandes sind wir auch in der Lage, den Abstand zweier Punkte eines starren Körpers auf Grund von Messungen festzusetzen. Dazu brauchen wir eine ein für allemal zu benutzende Strecke (Stäbchen S), welche als Einheitsmaßstab verwendet wird. Sind nun A und B zwei Punkte eines starren Körpers, so ist deren Verbindungsgerade konstruierbar nach den Gesetzen der Geometrie; hierauf kann man auf dieser Verbindungsgeraden die Strecke S von A aus so oft abtragen, bis man nach B gelangt. Die Zahl der Wiederholungen des Abtragens ist die Maßzahl der Strecke $\overline{AB}$. Hierauf beruht alles Messen von Längen[2].

Jede räumliche Beschreibung des Ortes eines Ereignisses oder Gegenstandes beruht darauf, daß man den Punkt eines starren Körpers (Bezugskörpers) angibt, mit dem jenes Ereignis koinzidiert.

2 Dabei ist allerdings angenommen, daß die Messung aufgehe, d.h. eine ganze Zahl ergebe. Von dieser Schwierigkeit befreit man sich durch die Anwendung geteilter Maßstäbe, deren Einführung keine prinzipiell neue Methode verlangt.

Dies gilt nicht nur für die wissenschaftliche Beschreibung, sondern auch für das tägliche Leben. Analysiere ich die Ortsangabe „in Berlin, auf dem Potsdamer Platz", so bedeutet sie folgendes: Der Erdboden ist der starre Körper, auf den sich die Ortsangabe bezieht; auf ihm ist „Potsdamer Platz in Berlin" ein markierter, mit Namen versehener Punkt, mit dem das Ereignis räumlich koinzidiert[3].

Diese primitive Art der Ortsangabe kennt nur Orte an der Oberfläche starrer Körper und ist an das Vorhandensein unterscheidbarer Punkte dieser Oberfläche gebunden. Sehen wir zu, wie sich der menschliche Geist von diesen beiden Beschränkungen befreit, ohne daß das Wesen der Ortsangabe eine Änderung erfährt! Schwebt beispielsweise über dem Potsdamer Platz eine Wolke, so kann der Ort dieser, bezogen auf die Erdoberfläche, dadurch festgelegt werden, daß man auf dem Platze senkrecht eine Stange errichtet, die bis zur Wolke hinaufreicht. Die mit dem Einheitsmaßstab gemessene Länge der Stange in Verbindung mit der Angabe des Ortes des Fußpunktes der Stange ist dann eine vollständige Ortsangabe. An diesem Beispiele sehen wir, auf welchem Wege eine Verfeinerung des Ortsbegriffes vor sich gegangen ist.

a) Man setzt den starren Körper, auf den sich die Ortsangabe bezieht, in solcher Weise fort, daß der zu lokalisierende Gegenstand von dem vervollständigten starren Körper erreicht wird.

b) Man benutzt zur Charakterisierung des Ortes die *Zahl* statt benannter Merkpunkte (hier die mit dem Maßstab gemessene Länge der Stange).

c) Man spricht von der Höhe der Wolke auch dann, wenn eine Stange, welche die Wolke erreicht, gar nicht errichtet ist. In unserem Falle ermittelt man aus optischen Aufnahmen der Wolke von verschiedenen Stellen des Bodens aus unter Berücksichtigung der Ausbreitungseigenschaften des Lichtes, wie lang die Stange gemacht werden müßte, um die Wolke zu erreichen.

3 Eine weitere Untersuchung darüber, was hier „räumliche Koinzidenz" bedeutet, ist hier nicht nötig; denn dieser Begriff ist insofern klar, als im einzelnen realen Falle Meinungsverschiedenheiten darüber, ob er zutreffe oder nicht, kaum auftreten dürften.

Aus dieser Überlegung sieht man, daß es für die Beschreibung von Orten vorteilhaft sein wird, wenn es gelingt, sich durch Verwendung von Meßzahlen von der Existenz mit Namen versehener Merkpunkte auf dem starren Körper, auf den sich die Ortsangabe bezieht, unabhängig zu machen. Dies erreicht die messende Physik durch Anwendung des kartesischen Koordinatensystems.

Dieses besteht in drei zueinander senkrechten, zu einem starren Körper verbundenen starren, ebenen Wänden. Der Ort irgendeines Geschehnisses in bezug auf das Koordinatensystem wird (im wesentlichen) beschrieben durch die Angabe der Länge der drei Lote oder Koordinaten (x, y, z), vgl. Abb. 2, S. 22, welche von dem Geschehnis aus auf jene drei ebenen Wände gefällt werden können. Die Längen dieser drei Lote sind durch eine Folge von Manipulationen mit starren Stäben ermittelbar, welche Manipulationen durch die Gesetze und Methoden der euklidischen Geometrie vorgeschrieben werden.

Bei den Anwendungen sind jene das Koordinatensystem bildenden starren Wände meist nicht realisiert; auch werden die Koordinaten nicht wirklich durch Konstruktionen mit starren Stäben, sondern indirekt ermittelt. Der physikalische Sinn der Ortsangaben muß jedoch stets den vorstehenden Erörterungen gemäß gesucht werden, wenn die Ergebnisse der Physik und Astronomie nicht ins Unklare zerfließen sollen[4].

Es ergibt sich also folgendes: Jede räumliche Beschreibung von Geschehnissen bedient sich eines starren Körpers, auf den die Geschehnisse räumlich zu beziehen sind. Jene Beziehung setzt voraus, daß für „Strecken" die Gesetze der euklidischen Geometrie gelten, wobei die „Strecke" physikalisch repräsentiert wird durch zwei Marken auf einem starren Körper.

4 Erst durch die im zweiten Teil des Büchleins behandelte allgemeine Relativitätstheorie wird eine Verfeinerung und Änderung dieser Auffassung nötig.

§ 3 Raum und Zeit in der klassischen Mechanik

Wenn ich ohne schwere Bedenken und eingehende Erläuterungen die Aufgabe der Mechanik so formuliere: „Die Mechanik hat zu beschreiben, wie die Körper mit der Zeit ihren Ort im Raume ändern“, so nehme ich einige Todsünden gegen den heiligen Geist der Klarheit auf mein Gewissen; diese Sünden sollen zunächst aufgedeckt werden.

Es ist unklar, was hier unter „Ort“ und „Raum“ zu verstehen ist. Ich stehe am Fenster eines gleichförmig fahrenden Eisenbahnwagens und lasse einen Stein auf den Bahndamm fallen, ohne ihm einen Schwung zu geben. Dann sehe ich (abgesehen vom Einfluß des Luftwiderstandes) den Stein geradlinig herabfallen. Ein Fußgänger, der die Übeltat vom Fußwege aus mit ansieht, bemerkt, daß der Stein in einem Parabelbogen zur Erde herabfällt. Ich frage nun: Liegen die „Orte“, welche der Stein durchläuft, „in Wirklichkeit“ auf einer Geraden oder auf einer Parabel? Was bedeutet hier ferner Bewegung „im Raume“? Die Antwort ist nach den Überlegungen des § 2 selbstverständlich. Zunächst lassen wir das dunkle Wort „Raum“, unter dem wir uns bei ehrlichem Geständnis nicht das geringste denken können, ganz beiseite; wir setzen statt dessen „Bewegung in bezug auf einen praktisch starren Bezugskörper“. Die Orte in bezug auf den Bezugskörper (Bahnwagen *oder* Erdboden) sind im vorigen Paragraphen bereits ausführlich definiert worden. Indem wir statt „Bezugskörper“ den für die mathematische Beschreibung nützlichen Begriff „Koordinatensystem“ einführen, können wir sagen: Der Stein beschreibt in bezug auf ein mit dem Wagen starr verbundenes Koordinatensystem eine Gerade, in bezug auf ein mit dem Erdboden starr verbundenes Koordinatensystem eine Parabel. Man sieht an diesem Beispiel deutlich, daß es eine Bahnkurve[5] an sich nicht gibt, sondern nur eine Bahnkurve in bezug auf einen bestimmten Bezugskörper.

Eine *vollständige* Beschreibung der Bewegung kommt aber erst dadurch zustande, daß man angibt, wie der Körper seinen Ort *mit*

5 Das heißt Kurve, in der sich der Körper bewegt.

der Zeit ändert, d.h. es muß für jeden Punkt der Bahnkurve angegeben werden, zu welcher Zeit der Körper sich dort befindet. Diese Angaben müssen durch eine solche Definition der Zeit vervollständigt werden, daß diese Zeitwerte kraft jener Definition als prinzipiell beobachtbare Größen (Resultate von Messungen) angesehen werden können. Dieser Forderung entsprechen wir – auf dem Boden der klassischen Mechanik stehend – für unser Beispiel in folgender Weise. Wir denken uns zwei genau gleich beschaffene Uhren; die eine hat der Mann am Eisenbahnwagenfenster, die andere der Mann auf dem Fußwege in der Hand. Jeder der beiden stellt fest, an welcher Stelle des betreffenden Bezugskörpers der Stein sich gerade befindet, wenn die Uhr tickt, die er in der Hand hat. Dabei verzichten wir auf ein Eingehen auf die Ungenauigkeit, welche durch die Endlichkeit der Fortpflanzungsgeschwindigkeit des Lichtes hereinkommt. Hiervon und von einer zweiten hier obwaltenden Schwierigkeit wird später ausführlich die Rede sein.

§ 4 Das GALILEIsche Koordinatensystem

Bekanntlich lautet das unter dem Namen Trägheitsgesetz bekannte Grundgesetz der GALILEI-NEWTONschen Mechanik: Ein von anderen Körpern hinreichend entfernter Körper verharrt im Zustande der Ruhe oder der gleichförmig-geradlinigen Bewegung. Dieser Satz sagt nicht nur etwas aus über die Bewegung der Körper, sondern auch über die in der Mechanik zulässigen Bezugskörper oder Koordinatensysteme, welche bei der mechanischen Beschreibung verwendet werden dürfen. Körper, auf welche der Trägheitssatz sicherlich mit großer Annäherung Anwendung finden kann, sind die sichtbaren Fixsterne. Benutzen wir nun ein Koordinatensystem, welches mit der Erde starr verbunden ist, so beschreibt relativ zu ihm jeder Fixstern im Laufe eines (astronomischen) Tages einen Kreis von ungeheurem Radius, im Widerspruch mit dem Wortlaut des Trägheitsgesetzes. Hält man also an diesem Gesetze fest, so darf man die Bewegungen nur auf Koordinatensysteme beziehen, relativ zu welchen die Fixsterne keine Kreisbewegungen ausführen.

Ein Koordinatensystem, dessen Bewegungszustand ein solcher ist, daß relativ zu ihm das Trägheitsgesetz gilt, nennen wir ein „GALILEIsches Koordinatensystem". Nur für ein GALILEIsches Koordinatensystem beanspruchen die Gesetze der GALILEI-NEWTONschen Mechanik Gültigkeit.

§ 5 Das Relativitätsprinzip (im engeren Sinne)

Wir gehen wieder, um möglichste Anschaulichkeiten zu erzielen, von dem Beispiel des gleichmäßig fahrenden Eisenbahnwagens aus. Seine Bewegung nennen wir eine gleichförmige Translation („gleichförmig", weil von konstanter Geschwindigkeit und Richtung, „Translation", weil der Wagen relativ zum Fahrdamm zwar seinen Ort ändert, aber hierbei keine Drehungen ausführt). Es fliege ein Rabe geradlinig und gleichförmig – vom Bahndamm aus beurteilt – durch die Luft. Dann ist – vom fahrenden Wagen aus beurteilt – die Bewegung des Raben zwar eine Bewegung von anderer Geschwindigkeit und anderer Richtung; aber sie ist ebenfalls geradlinig und gleichförmig. Abstrakt ausgedrückt: Bewegt sich eine Masse m geradlinig und gleichförmig in bezug auf ein Koordinatensystem K, so bewegt sie sich auch geradlinig und gleichförmig in bezug auf ein zweites Koordinatensystem K', falls letzteres in bezug auf K eine gleichförmige Translationsbewegung ausführt. Hieraus folgt mit Rücksicht auf die Darlegung des vorigen Paragraphen:

Ist K ein GALILEIsches Koordinatensystem, so ist auch jedes andere Koordinatensystem K' ein GALILEIsches, das gegenüber K im Zustande gleichförmiger Translationsbewegung ist. In bezug auf K' gelten die Gesetze der GALILEI-NEWTONschen Mechanik ebenso wie in bezug auf K.

Wir gehen in der Verallgemeinerung noch einen Schritt weiter, indem wir den Satz aussprechen: Ist K' ein in bezug auf K gleichförmig und drehungsfrei bewegtes Koordinatensystem, so verläuft das Naturgeschehen in bezug auf K' nach genau denselben allgemeinen Gesetzen wie in bezug auf K. Diese Aussage nennen wir „Relativitätsprinzip" (im engeren Sinne).

Solange man überzeugt war, daß sich alles Naturgeschehen mit Hilfe der klassischen Mechanik darstellen lasse, konnte man an der Gültigkeit dieses Relativitätsprinzips nicht zweifeln. Mit der neueren Entwicklung der Elektrodynamik und Optik aber ward es immer mehr offenkundig, daß die klassische Mechanik als Grundlage für alle physikalische Naturbeschreibung nicht zureichend sei. Damit wurde auch die Frage nach der Gültigkeit des Relativitätsprinzips zu einer wohl diskutierbaren, und es erschien nicht ausgeschlossen, daß die Antwort auf diese Frage verneinend sein könnte.

Immerhin gibt es zwei allgemeine Tatsachen, die von vornherein sehr für die Gültigkeit des Relativitätsprinzips sprechen. Wenn nämlich die klassische Mechanik auch nicht eine genügend breite Basis für die theoretische Darstellung *aller* physikalischen Erscheinungen liefert, so muß ihr doch ein sehr bedeutender Wahrheitsgehalt zukommen; denn sie liefert mit bewunderungswürdiger Schärfe die tatsächlichen Bewegungen der Himmelskörper. Es muß daher auch das Relativitätsprinzip auf dem Gebiete *der Mechanik* jedenfalls mit großer Genauigkeit gelten. Daß aber ein Prinzip von so großer Allgemeinheit, welches auf *einem* Erscheinungsgebiete mit solcher Exaktheit gilt, einem anderen Erscheinungsgebiete gegenüber versage, ist a priori wenig wahrscheinlich.

Das zweite Argument, auf welches wir später noch zurückkommen werden, ist folgendes. Wenn das Relativitätsprinzip (im engeren Sinne) nicht gilt, so werden die relativ zueinander gleichförmig bewegten GALILEIschen Koordinatensysteme K, K', K'' usw. nicht *gleichwertig* sein für die Beschreibung des Naturgeschehens. Dann wäre es kaum anders denkbar, als daß die Naturgesetze besonders einfach und natürlich sich nur dann formulieren ließen, wenn unter allen GALILEIschen Koordinatensystemen *eines* (K_0) von bestimmtem Bewegungszustande als Bezugskörper gewählt würde. Dieses würden wir dann mit Recht (wegen seiner Vorzüge für die Naturbeschreibung) als das „absolut ruhende“ bezeichnen, die übrigen GALILEIschen Systeme K aber als „bewegt“. Wäre z.B. unser Bahndamm das System K_0, so wäre unser Eisenbahnwagen ein System K, in bezug auf welches weniger einfache Gesetze gelten würden als in bezug auf K_0. Diese geringere Einfachheit würde darauf zurückzuführen sein, daß der Wagen K gegen K_0 (d.h. „wirklich“) bewegt sei. In diesen in bezug auf K formulierten allgemeinen Naturgesetzen müßten Größe und Richtung der Fahrgeschwindigkeit des Wagens eine Rolle spielen. Es wäre z.B. zu erwarten, daß der Ton einer Orgelpfeife ein anderer wäre, wenn diese mit ihrer Achse parallel zur Fahrrichtung gestellt wird, als wenn sie mit ihrer Achse senkrecht zu dieser Richtung gestellt wird. Nun ist aber unsere Erde wegen ihrer Bahnbewegung um die Sonne einem mit etwa 30 km in der Sekunde Geschwindigkeit fahrenden Wagen vergleichbar. Es wäre daher im Falle der Ungültigkeit des Relativitätsprinzips zu erwarten, daß die momentane Bewegungsrichtung der Erde in die Naturgesetze eingehe, daß also die physikalischen Systeme in ihrem Verhalten von der räumlichen Orientierung gegen die Erde abhängen sollten. Denn wegen der im Laufe des Jahres stattfindenden Änderung der Richtung der Geschwindigkeit der Umlaufsbewegung der Erde kann diese nicht das ganze Jahr hindurch relativ zu dem hypothetischen System K_0 in Ruhe sein. Bei aller Sorgfalt hat man aber eine derartige Anisotropie des irdischen physikalischen Raumes, d.h. eine physikalische Ungleichwertigkeit der verschiedenen Richtungen, niemals beobachten können. Dies ist ein schwerwiegendes Argument zugunsten des Relativitätsprinzips.

§ 6 Das Additionstheorem der Geschwindigkeiten gemäß der klassischen Mechanik

Der schon oft betrachtete Eisenbahnwagen fahre mit der konstanten Geschwindigkeit v auf dem Geleise. Im Eisenbahnwagen durchschreite ein Mann den Wagen in dessen Längsrichtung, und zwar in Richtung der Fahrt mit der Geschwindigkeit w. Wie rasch bzw. mit welcher Geschwindigkeit W kommt der Mann relativ zum Bahndamm während des Gehens vorwärts? Die einzig mögliche Antwort scheint aus folgender Überlegung zu entspringen:

Würde der Mann eine Sekunde lang still stehen, so käme er relativ zum Bahndamm um eine der Fahrgeschwindigkeit des Wagens gleiche Strecke v vorwärts. In Wirklichkeit durchmißt er aber außerdem relativ zum Wagen, also auch relativ zum Bahndamm in dieser Sekunde durch sein Gehen die Strecke w, welche der Geschwindigkeit seines Ganges gleich ist. Er legt also in der betrachteten Sekunde relativ zum Bahndamm im ganzen die Strecke

$$W = v + w$$

zurück. Später werden wir sehen, daß diese Überlegung, welche das Additionstheorem der Geschwindigkeiten gemäß der klassischen Mechanik ausdrückt, nicht aufrecht erhalten werden kann, daß also das soeben hingeschriebene Gesetz in Wahrheit nicht zutrifft. Einstweilen aber werden wir auf dessen Richtigkeit bauen.

§ 7 Die scheinbare Unvereinbarkeit des Ausbreitungsgesetzes des Lichtes mit dem Relativitätsprinzip

Es gibt kaum ein einfacheres Gesetz in der Physik als dasjenige, gemäß welchem sich das Licht im leeren Raume fortpflanzt. Jedes Schulkind weiß oder glaubt zu wissen, daß diese Fortpflanzung geradlinig mit einer Geschwindigkeit c = 300000 km/sec geschieht. Wir wissen jedenfalls mit großer Exaktheit, daß diese Geschwindigkeit für alle Farben dieselbe ist; denn wäre dies nicht der Fall, so würde bei der Bedeckung eines Fixsternes durch seinen dunklen Begleiter das Emissionsminimum für die verschiedenen Farben nicht gleichzeitig beobachtet werden. Durch eine ähnliche, an die Beobachtungen der Doppelsterne sich knüpfende Überlegung konnte der holländische Astronom De Sitter auch zeigen, daß die Fortpflanzungsgeschwindigkeit des Lichtes von der Bewegungsgeschwindigkeit des das Licht emittierenden Körpers nicht abhängen kann. Die Annahme, daß diese Fortpflanzungsgeschwindigkeit von der Richtung „im Raume“ abhänge, ist an sich unwahrscheinlich.

Kurz, nehmen wir einmal an, das einfache Gesetz von der konstanten Lichtgeschwindigkeit c (im Vakuum) werde von dem Schulkinde mit Recht geglaubt! Wer möchte denken, daß dieses simple Gesetz den gewissenhaft überlegenden Physiker in die größten gedanklichen Schwierigkeiten gestürzt hat? Diese Schwierigkeiten ergeben sich wie folgt.

Natürlich müssen wir den Vorgang der Lichtausbreitung wie jeden anderen auf einen starren Bezugskörper (Koordinatensystem) beziehen. Als solchen wählen wir wieder unseren Bahndamm. Die Luft über demselben wollen wir uns weggepumpt denken. Längs des Bahndammes werde ein Lichtstrahl gesandt, dessen Scheitel sich nach dem vorigen mit der Geschwindigkeit c relativ zum Bahndamme fortpflanzt. Auf dem Geleise fahre wieder unser Eisenbahnwagen mit der Geschwindigkeit v, und zwar in derselben Richtung, in der sich der Lichtstrahl fortpflanzt, aber natürlich viel langsamer. Wir fragen nach der Fortpflanzungsgeschwindigkeit des Lichtstrahles relativ zum Wagen. Es ist leicht ersichtlich, daß hier die Betrachtung des vorigen Paragraphen Anwendung finden kann; denn der relativ zum Eisenbahnwagen laufende Mann spielt die Rolle des Lichtstrahles. Statt dessen Geschwindigkeit W gegen den Bahndamm tritt hier die Lichtgeschwindigkeit gegen diesen; w ist die gesuchte Geschwindigkeit des Lichtes gegen den Wagen, für welche also gilt:

$$w = c - v.$$

Die Fortpflanzungsgeschwindigkeit des Lichtstrahles relativ zum Wagen ergibt sich also als kleiner als c.

Dies Ergebnis verstößt aber gegen das im § 5 dargelegte Relativitätsprinzip. Das Gesetz der Lichtausbreitung im Vakuum müßte nämlich nach dem Relativitätsprinzip wie jedes andere allgemeine Naturgesetz für den Eisenbahnwagen als Bezugskörper gleich lauten wie für das Geleise als Bezugskörper. Das erscheint aber nach unserer Betrachtung unmöglich. Wenn sich jeder Lichtstrahl in bezug auf den Damm mit der Geschwindigkeit c fortpflanzt, so scheint eben deshalb das Lichtausbreitungsgesetz in bezug auf den Wagen ein anderes sein zu müssen – im Widerspruch mit dem Relativitätsprinzip.

Im Hinblick auf das Dilemma erscheint es unerläßlich, entweder das Relativitätsprinzip oder das einfache Gesetz der Fortpflanzung des Lichtes im Vakuum aufzugeben. Gewiß wird der Leser, der den bisherigen Ausführungen aufmerksam gefolgt ist, erwarten, daß das Prinzip der Relativität, das sich durch seine Natürlichkeit und Einfachheit dem Geiste als fast unabweislich empfiehlt, aufrecht zu erhalten sei, daß aber das Gesetz der Lichtausbreitung im Vakuum durch ein komplizierteres, mit dem Relativitätsprinzip vereinbares Gesetz zu ersetzen sei. Die Entwicklung der theoretischen Physik zeigt aber, daß dieser Weg nicht gangbar ist. Die bahnbrechenden theoretischen Forschungen von H. A. Lorentz über die elektrodynamischen und optischen Vorgänge in bewegten Körpern zeigten nämlich, daß die Erfahrungen in diesen Gebieten mit zwingender Notwendigkeit zu einer Theorie der elektromagnetischen Vorgänge führen, welche das Gesetz der Konstanz der Lichtgeschwindigkeit im Vakuum zur unabweisbaren Konsequenz hat. Deshalb waren die führenden Theoretiker eher geneigt, das Relativitätsprinzip fallen zu lassen, trotzdem sich keine einzige Erfahrungstatsache auffinden ließ, welche diesem Prinzip widersprochen hätte.

Hier setzte die Relativitätstheorie ein. Durch eine Analyse der physikalischen Begriffe von Zeit und Raum zeigte sich, *daß in Wahrheit eine Unvereinbarkeit des Relativitätsprinzips mit dem Ausbreitungsgesetz des Lichtes gar nicht vorhanden sei*, daß man vielmehr durch systematisches Festhalten an diesen beiden Gesetzen zu einer logisch einwandfreien Theorie gelange. Diese Theorie, welche wir zum Unterschiede von ihrer später zu besprechenden Erweiterung als „spezielle Relativitätstheorie" bezeichnen, soll im folgenden in ihren Grundgedanken dargestellt werden.

§ 8 Über den Zeitbegriff in der Physik

An zwei weit voneinander entfernten Stellen A und B unseres Bahndammes hat der Blitz ins Geleise eingeschlagen. Ich füge die Behauptung hinzu, diese beiden Schläge seien *gleichzeitig* erfolgt. Wenn ich dich nun frage, lieber Leser, ob diese Aussage einen Sinn habe, so wirst du mir mit einem überzeugten „Ja" antworten. Wenn ich aber jetzt in dich dringe mit der Bitte, mir den Sinn der Aussage genauer zu erklären, merkst du nach einiger Überlegung, daß die Antwort auf diese Frage nicht so einfach ist, wie es auf den ersten Blick erscheint.

Nach einiger Zeit wird dir vielleicht folgende Antwort in den Sinn kommen: „Die Bedeutung der Aussage ist an und für sich klar und bedarf keiner weiteren Erläuterung; einiges Nachdenken müßte ich allerdings aufwenden, wenn ich den Auftrag erhielte, durch Beobachtungen zu ermitteln, ob im konkreten Falle die beiden Ereignisse gleichzeitig stattfinden oder nicht." Mit dieser Antwort kann ich mich aber aus folgendem Grunde nicht zufrieden geben. Gesetzt, ein geschickter Meteorologe hätte durch scharfsinnige Überlegungen herausgefunden, daß es an den Orten *A* und *B* immer gleichzeitig einschlagen müsse, dann entsteht die Aufgabe, nachzuprüfen, ob dieses theoretische Resultat der Wirklichkeit entspricht oder nicht. Analog ist es bei allen physikalischen Aussagen, bei denen der Begriff „gleichzeitig" eine Rolle spielt. Der Begriff existiert für den Physiker erst dann, wenn die Möglichkeit gegeben ist, im konkreten Falle herauszufinden, ob der Begriff zutrifft oder nicht. Es bedarf also einer solchen Definition der Gleichzeitigkeit, daß diese Definition die Methode an die Hand gibt, nach welcher im vorliegenden Falle aus Experimenten entschieden werden kann, ob beide Blitzschläge gleichzeitig erfolgt sind oder nicht. Solange diese Forderung nicht erfüllt ist, gebe ich mich als Physiker (allerdings auch als Nichtphysiker!) einer Täuschung hin, wenn ich glaube, mit der Aussage der Gleichzeitigkeit einen Sinn verbinden zu können. (Bevor du mir dies mit Überzeugung zugegeben hast, lieber Leser, lies nicht weiter.)

Nach einiger Zeit des Nachdenkens machst du nun folgenden Vorschlag für das Konstatieren der Gleichzeitigkeit. Die Verbindungsstrecke *AB* werde dem Geleise nach ausgemessen und in die Mitte *M* der Strecke ein Beobachter gestellt, der mit einer Einrichtung versehen ist (etwa zwei um 90° gegeneinander geneigte Spiegel), die ihm eine gleichzeitige optische Fixierung beider Orte *A* und *B* erlaubt. Nimmt dieser die beiden Blitzschläge gleichzeitig wahr, so sind sie gleichzeitig.

Ich bin mit diesem Vorschlag sehr zufrieden und halte die Sache dennoch nicht für ganz geklärt, weil ich mich zu folgendem Einwand gedrängt fühle: „Deine Definition wäre unbedingt richtig, wenn ich schon wüßte, daß das Licht, welches dem Beobachter in

M die Wahrnehmung der Blitzschläge vermittelt, sich mit der gleichen Geschwindigkeit auf der Strecke $A \to M$ wie auf der Strecke $B \to M$ fortpflanze. Eine Prüfung dieser Voraussetzung wäre aber nur dann möglich, wenn man über die Mittel der Zeitmessung bereits verfügte. Man scheint sich also hier in einem logischen Zirkel zu bewegen."

Nach einiger weiterer Überlegung wirfst du mir aber mit Recht einen etwas verächtlichen Blick zu und erklärst mir: „Ich halte meine Definition von vorhin trotzdem aufrecht, da sie in Wahrheit gar nichts über das Licht voraussetzt. An die Definition der Gleichzeitigkeit ist nur die *eine* Forderung zu stellen, daß sie in jedem realen Falle eine empirische Entscheidung an die Hand gibt über das Zutreffen oder Nichtzutreffen des zu definierenden Begriffs. Daß meine Definition dies leistet, ist unbestreitbar. Daß das Licht zum Durchlaufen des Weges $A \to M$ und zum Durchlaufen der Strecke $B \to M$ dieselbe Zeit brauche, ist in Wahrheit keine *Voraussetzung oder Hypothese* über die physikalische Natur des Lichtes, sondern eine *Festsetzung*, die ich nach freiem Ermessen treffen kann, um zu einer Definition der Gleichzeitigkeit zu gelangen."

Es ist klar, daß diese Definition benutzt werden kann, um der Aussage der Gleichzeitigkeit nicht nur *zweier* Ereignisse, sondern beliebig vieler Ereignisse einen exakten Sinn zu geben, wie die Ereignisorte relativ zum Bezugskörper (hier dem Bahndamm) gelagert sein mögen[6]. Damit gelangt man auch zu einer Definition der „Zeit" in der Physik. Man denke sich nämlich in den Punkten *A*, *B*, *C* des Geleises (Koordinatensystems) Uhren von gleicher Beschaffenheit aufgestellt und derart gerichtet, daß deren Zeigerstellungen gleichzeitig (im obigen Sinne) dieselben sind. Dann versteht man unter

6 Wir nehmen ferner an, daß, wenn drei Ereignisse *A*, *B*, *C* derartig an verschiedenen Orten stattfinden, daß, wenn *A* gleichzeitig mit *B*, und *B* gleichzeitig mit *C* ist (gleichzeitig im Sinne obiger Definition), das Kriterium der Gleichzeitigkeit auch für das Ereignispaar $A - C$ erfüllt sei. Diese Annahme ist eine physikalische Hypothese über das Ausbreitungsgesetz des Lichtes; sie muß unbedingt erfüllt sein, wenn es möglich sein soll, an dem Gesetz von der Konstanz der Vakuum-Lichtgeschwindigkeit festzuhalten.

der „Zeit" eines Ereignisses die Zeitangabe (Zeigerstellung) derjenigen dieser Uhren, welche dem Ereignis (räumlich) unmittelbar benachbart ist. Auf diese Weise wird jedem Ereignis ein Zeitwert zugeordnet, der sich prinzipiell beobachten läßt.

Diese Festsetzung enthält noch eine physikalische Hypothese, an deren Zutreffen man ohne empirische Gegengründe kaum zweifeln wird. Es ist nämlich angenommen, daß alle diese Uhren „gleich rasch" gehen, wenn sie von gleicher Beschaffenheit sind. Exakt formuliert: Wenn zwei an verschiedenen Stellen des Bezugskörpers ruhend angeordnete Uhren so eingestellt werden, daß *eine* Zeigerstellung der einen mit *derselben* Zeigerstellung der anderen *gleichzeitig* (im obigen Sinne) ist, so sind gleiche Zeigerstellungen überhaupt gleichzeitig (im Sinne obiger Definition).

§ 9 Die Relativität der Gleichzeitigkeit

Bisher haben wir unsere Betrachtung auf einen bestimmten Bezugskörper bezogen, den wir als „Bahndamm" bezeichnet haben. Es fahre nun auf dem Geleise ein sehr langer Zug mit der konstanten Geschwindigkeit v in der in Abb. 1 angegebenen Richtung. Menschen, die in diesem Zuge fahren, werden mit Vorteil den Zug als starren Bezugskörper (Koordinatensystem) verwenden; sie beziehen alle Ereignisse auf den Zug. Jedes Ereignis, welches längs des Geleises

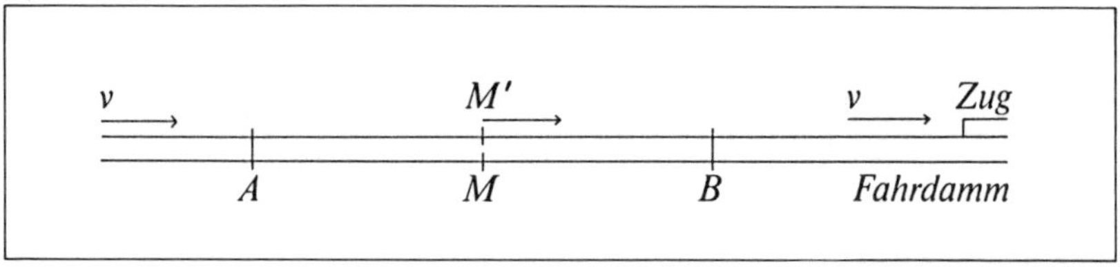

Abb. 1

stattfindet, findet dann auch an einem bestimmten Punkte des Zuges statt. Auch die Definition der Gleichzeitigkeit läßt sich in bezug auf den Zug in genau derselben Weise geben, wie in bezug auf den Bahndamm. Es entsteht aber nun naturgemäß folgende Frage:

Sind zwei Ereignisse (z.B. die beiden Blitzschläge A und B), welche *in bezug auf den Bahndamm* gleichzeitig sind, auch *in bezug auf den Zug* gleichzeitig? Wir werden sogleich zeigen, daß die Antwort verneinend lauten muß.

Wenn wir sagen, daß die Blitzschläge A und B in bezug auf den Bahndamm gleichzeitig sind, so bedeutet dies: die von den Blitzorten A und B ausgehenden Lichtstrahlen begegnen sich in dem Mittelpunkte M der Fahrdammstrecke $A-B$. Den Ereignissen A und B entsprechen aber auch Stellen A und B auf dem Zuge. Es sei M' der Mittelpunkt der Strecke $A-B$ des fahrenden Zuges. Dieser Punkt M' fällt zwar im Augenblick der Blitzschläge[7] mit dem Punkte M zusammen, bewegt sich aber in der Zeichnung mit der Geschwindigkeit v des Zuges nach rechts. Würde ein bei M' im Zuge sitzender Beobachter diese Geschwindigkeit nicht besitzen, so würde er dauernd in M bleiben, und es würden ihn dann die von den Blitzschlägen A und B ausgehenden Lichtstrahlen gleichzeitig erreichen, d.h. diese beiden Strahlen würden sich gerade bei ihm begegnen. In Wahrheit aber eilt er (vom Bahndamm aus beurteilt) dem von B herkommenden Lichtstrahl entgegen, während er dem von A herkommenden Lichtstrahl vorauseilt. Der Beobachter wird also den von B ausgehenden Lichtstrahl früher sehen, als den von A ausgehenden. Die Beobachter, welche den Eisenbahnzug als Bezugskörper benutzen, müssen also zu dem Ergebnis kommen, der Blitzschlag B habe früher stattgefunden als der Blitzschlag A. Wir kommen also zu dem wichtigen Ergebnis:

Ereignisse, welche in bezug auf den Bahndamm gleichzeitig sind, sind in bezug auf den Zug nicht gleichzeitig und umgekehrt (Relativität der Gleichzeitigkeit). Jeder Bezugskörper (Koordinatensystem) hat seine besondere Zeit; eine Zeitangabe hat nur dann einen Sinn, wenn der Bezugskörper angegeben ist, auf den sich die Zeitangabe bezieht.

Die Physik hat nun vor der Relativitätstheorie stets stillschweigend angenommen, daß die Bedeutung der Zeitangaben eine absolute, d.h. vom Bewegungszustande des Bezugskörpers unabhängige,

7 Vom Fahrdamm aus beurteilt!

sei. Daß diese Annahme aber mit der nächstliegenden Definition der Gleichzeitigkeit unvereinbar ist, haben wir soeben gesehen; läßt man sie fallen, so verschwindet der in § 7 entwickelte Konflikt des Gesetzes der Vakuum-Lichtausbreitung mit dem Relativitätsprinzip.

Zu jenem Konflikt führt nämlich die Überlegung des § 6, die nun nicht mehr aufrecht zu erhalten ist. Wir schlossen dort, daß der Mann im Wagen, der relativ zu diesem die Strecke *w in einer Sekunde* durchläuft, diese Strecke auch relativ zum Bahndamm *in einer Sekunde* durchläuft. Da nun aber die Zeit, welche ein bestimmter Vorgang mit Bezug auf den Wagen braucht, nach den soeben angestellten Überlegungen nicht gleich gesetzt werden darf der vom Bahndamm als Bezugskörper aus beurteilten Dauer desselben Vorganges, so kann nicht behauptet werden, daß der Mann durch sein Gehen relativ zum Geleise die Strecke *w* in einer Zeit zurücklegt, welche – vom Bahndamm aus beurteilt – gleich einer Sekunde ist.

Die Überlegung des § 6 ruht übrigens noch auf einer zweiten Voraussetzung, die im Lichte einer strengen Überlegung als willkürlich erscheint, wenn sie auch vor der Aufstellung der Relativitätstheorie stets (stillschweigend) gemacht wurde.

§ 10 Über die Relativität des Begriffes der räumlichen Entfernung

Wir betrachten zwei bestimmte Stellen des mit der Geschwindigkeit *v* längs des Bahndammes dahinfahrenden Zuges[8] und fragen nach deren Entfernung. Wir wissen bereits, daß man zur Messung einer Entfernung eines Bezugskörpers bedarf, mit Bezug auf welchen die Entfernung ausgemessen wird. Am einfachsten ist es, den Zug selbst als Bezugskörper (Koordinatensystem) zu verwenden. Ein im Zuge fahrender Beobachter mißt den Abstand, indem er in gerader Linie seinen Maßstab etwa längs der Wagenböden so oft aufträgt, bis er von dem einen markierten Punkte zum anderen gelangt. Die Zahl, welche angibt, wie oft der Stab angelegt werden muß, ist dann die gesuchte Entfernung.

8 Etwa die Mitte des 1. und 100. Wagens.

Anders ist es, wenn die Entfernung vom Geleise aus beurteilt werden soll. Da bietet sich folgende Methode. Nennt man A' und B' die beiden Punkte des Zuges, um deren Entfernung es sich handelt, so sind diese beiden Punkte mit der Geschwindigkeit v längs des Bahndammes bewegt. Wir fragen nun zuerst nach den Punkten A bzw. B des Bahndammes, bei welchen die beiden Punkte A' und B' zu einer bestimmten Zeit t – vom Bahndamm aus beurteilt – gerade vorbeilaufen. Diese Punkte A und B des Bahndammes sind vermöge der in § 8 gegebenen Zeitdefinition ermittelbar. Hierauf wird der Abstand dieser Punkte A und B durch wiederholtes Abtragen des Meterstabes längs des Bahndammes gemessen.

Es ist a priori durchaus nicht ausgemacht, daß diese letztere Messung dasselbe Ergebnis zeitigen müsse wie die erstere. Vom Bahndamm aus gemessen kann also die Länge des Zuges eine andere sein als vom Zuge selbst aus gemessen. Dieser Umstand ergibt einen zweiten gegen die scheinbar so einleuchtende Betrachtung des § 6 zu erhebenden Einwand. Legt nämlich der Mann im Wagen in einer Zeiteinheit – *vom Zuge aus gemessen* – die Strecke w zurück, so braucht diese Strecke – *vom Bahndamm aus gemessen* – nicht auch gleich w zu sein.

§ 11 Die LORENTZ-Transformation

Die Überlegungen der letzten drei Paragraphen zeigen uns, daß die scheinbare Unvereinbarkeit des Ausbreitungsgesetzes des Lichtes mit dem Relativitätsprinzip in § 7 durch eine Betrachtung abgeleitet worden ist, welche der klassischen Mechanik zwei durch nichts gerechtfertigte Hypothesen entlehnte; diese Hypothesen lauten:

1. Der Zeitabstand zwischen zwei Ereignissen ist vom Bewegungszustande des Bezugskörpers unabhängig.
2. Der räumliche Abstand zwischen zwei Punkten eines starren Körpers ist vom Bewegungszustande des Bezugskörpers unabhängig.

Läßt man nun diese Hypothese fallen, so verschwindet das Dilemma des § 7, weil das in § 6 abgeleitete Additionstheorem der

Geschwindigkeiten ungültig wird. Es taucht vor uns die Möglichkeit auf, daß das Gesetz der Lichtausbreitung im Vakuum mit dem Relativitätsprinzip vereinbar sein könne. Wir kommen zu der Frage: Wie ist die Überlegung des § 6 zu modifizieren, um den scheinbaren Widerspruch zwischen diesen beiden fundamentalen Ergebnissen der Erfahrung zu beseitigen? Diese Frage führt auf eine allgemeine. In der Überlegung des § 6 kommen Orte und Zeiten in bezug auf den Zug und in bezug auf den Bahndamm vor. Wie findet man Ort und Zeit eines Ereignisses in bezug auf den Zug, wenn Ort und Zeit des Ereignisses in bezug auf den Bahndamm bekannt sind? Gibt es eine solche denkbare Antwort auf diese Frage, daß gemäß dieser Antwort das Gesetz der Lichtausbreitung im Vakuum dem Relativitätsprinzip nicht widerspreche? Anders ausgedrückt: Ist eine Relation zwischen Ort und Zeit der einzelnen Ereignisse in bezug auf beide Bezugskörper denkbar, derart, daß jeder Lichtstrahl relativ zum Bahndamm *und* relativ zum Zug die Ausbreitungsgeschwindigkeit c besitzt? Diese Frage führt zu einer bejahenden, ganz bestimmten Antwort, zu einem ganz bestimmten Verwandlungsgesetz für die Raum-Zeit-Größen eines Ereignisses beim Übergang von einem Bezugskörper zu einem anderen.

Bevor wir hierauf eingehen, sei folgende Zwischenüberlegung eingeschaltet. Wir haben bis jetzt nur Ereignisse betrachtet, die sich längs des Bahndammes abspielten, der mathematisch die Funktion einer geraden Linie zu übernehmen hatte. Man kann sich aber in der in § 2 angegebenen Weise diesen Bezugskörper seitlich und nach oben durch ein Stabgerüst derart fortgesetzt denken, daß ein irgendwo stattfindendes Ereignis relativ zu diesem Stabgerüst lokalisiert werden kann. Analog kann man sich den mit der Geschwindigkeit v fahrenden Zug durch den ganzen Raum fortgesetzt denken, so daß jedes noch so ferne Ereignis auch in bezug auf das zweite Gerüst lokalisiert werden könnte. Davon, daß diese Gerüste einander in Wahrheit wegen der Undurchdringlichkeit der festen Körper immer wieder zerstören müßten, können wir absehen, ohne in prinzipielle Fehler zu geraten. In jedem solchen Gerüst denken wir uns drei aufeinander senkrechte Wände hervorgehoben und als „Koordinatenebenen" bezeichnet („Koordinatensystem"). Dem Bahndamm entspricht dann ein Koordinatensystem K, dem Zug ein Koordinatensystem K'. Ein irgendwo stattfindendes Ereignis wird bezüglich K räumlich fixiert durch die drei Lote x, y, z auf die Koordinatenebenen und zeitlich fixiert durch einen Zeitwert t. *Dasselbe Ereignis* wird bezüglich K' raum-zeitlich fixiert durch entsprechende Werte x', y', z', t', welche mit x, y, z, t natürlich nicht übereinstimmen. Wie diese Größen als Ergebnisse physikalischer Messungen aufzufassen sind, wurde früher ausführlich dargelegt.

Unser Problem lautet in exakter Formulierung offenbar folgendermaßen. Wie groß sind die Werte x', y', z', t' eines Ereignisses in bezug auf K', wenn die Größen x, y, z, t desselben Ereignisses in bezug auf K gegeben sind? Die Beziehungen müssen so gewählt werden, daß dem Gesetz der Vakuumfortpflanzung des Lichtes für einen und denselben Lichtstrahl (und zwar für jeden) in bezug auf K *und* K' Genüge geleistet wird. Dies Problem wird für die in der Zeichnung (Abb. 2) angegebene relative räumliche Orientierung der Koordinatensysteme gelöst durch die Gleichungen:

$$x' = \frac{x - vt}{\sqrt{1 - \frac{v^2}{c^2}}}$$

$$y' = y$$

$$z' = z$$

$$t' = \frac{t - \frac{v}{c^2}x}{\sqrt{1 - \frac{v^2}{c^2}}}$$

Dieses Gleichungssystem wird mit dem Namen „LORENTZ-Transformation" bezeichnet.[9]

9 Eine einfache Ableitung der LORENTZ-Transformation ist im Anhang gegeben.

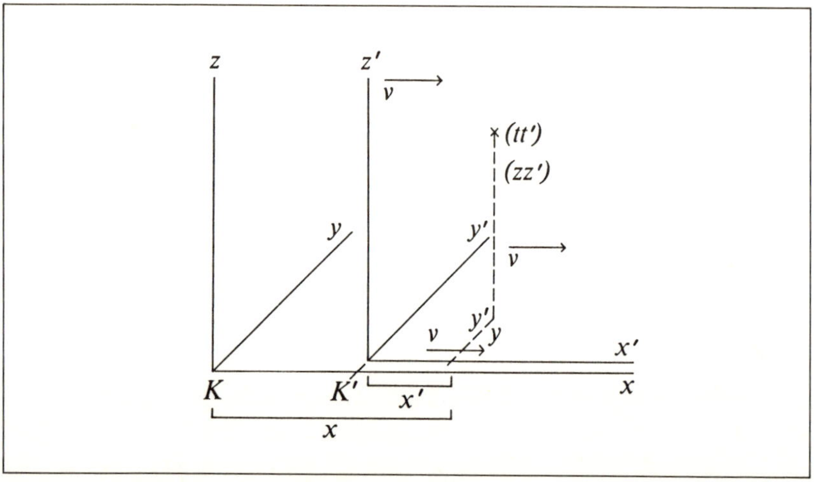

Abb. 2

Würden wir aber an Stelle des Lichtausbreitungsgesetzes die stillschweigenden Voraussetzungen der alten Mechanik von dem absoluten Charakter der Zeiten und Längen zugrunde gelegt haben, so würden wir statt dieser Transformationsgleichungen zu den Gleichungen

$$x' = x - v\,t$$
$$y' = y$$
$$z' = z$$
$$t' = t$$

gelangt sein, welches System man oft als „Galilei-Transformation" bezeichnet. Die Galilei-Transformation geht aus der Lorentz-Transformation dadurch hervor, daß man in letzterer die Lichtgeschwindigkeit c gleich einem unendlich großen Werte setzt.

Daß gemäß der Lorentz-Transformation das Gesetz der Lichtausbreitung im Vakuum sowohl für den Bezugskörper K wie für den Bezugskörper K' erfüllt ist, sieht man bequem an folgendem Beispiel. Es werde ein Lichtsignal längs der positiven x-Achse gesandt, und es pflanze sich die Lichterregung gemäß der Gleichung

$$x = c\,t,$$

also mit der Geschwindigkeit c fort. Gemäß den Gleichungen der Lorentz-Transformation bedingt diese einfache Beziehung zwischen x und t eine Beziehung zwischen x' und t'. In der Tat liefert die erste und vierte Gleichung der Lorentz-Transformation, wenn man in dieselben für x den Wert ct einsetzt:

$$x' = \frac{(c-v)t}{\sqrt{1-\frac{v^2}{c^2}}}$$

$$t' = \frac{\left(1-\frac{v}{c}\right)t}{\sqrt{1-\frac{v^2}{c^2}}},$$

aus welchen dann durch Division unmittelbar

$$x' = c\,t'$$

folgt. Nach dieser Gleichung erfolgt die Lichtausbreitung, wenn sie auf das System K' bezogen wird. Es zeigt sich also, daß die Ausbreitungsgeschwindigkeit auch relativ zum Bezugskörper K' gleich c ist. Analog ist es mit Lichtstrahlen, die sich in beliebiger anderer Richtung fortpflanzen. Dies ist natürlich nicht zu verwundern, denn die Gleichungen der Lorentz-Transformation sind ja nach diesem Gesichtspunkte abgeleitet.

§ 12 Das Verhalten bewegter Stäbe und Uhren

Ich lege einen Meterstab in die x'-Achse von K' derart, daß sein Anfang in den Punkt $x' = 0$, sein Ende in den Punkt $x' = 1$ fällt. Welches ist die Länge des Meterstabes relativ zum System K? Um das zu erfahren, brauchen wir nur zu fragen, wo Stabanfang und Stabende relativ zu K liegen zu einer bestimmten Zeit t des Systems K. Man findet für diese beiden Punkte aus der ersten Gleichung der Lorentz-Transformation für die Zeit $t = 0$:

$$x_{(\text{Stabanfang})} = 0 \cdot \sqrt{1-\frac{v^2}{c^2}}$$

$$x_{(\text{Stabende})} = 1 \cdot \sqrt{1 - \frac{v^2}{c^2}},$$

welche beiden Punkte den Abstand $\sqrt{1 - v^2/c^2}$ haben. Relativ zu K ist aber der Meterstab mit der Geschwindigkeit v bewegt. Es folgt also, daß die Länge eines mit der Geschwindigkeit v in seiner Längsrichtung bewegten starren Meterstabes $\sqrt{1 - v^2/c^2}$ Meter beträgt. Der bewegte starre Stab ist also kürzer als derselbe Stab, wenn er im Zustande der Ruhe ist, und zwar um so kürzer, je rascher er bewegt ist. Für die Geschwindigkeit $v = c$ wäre $\sqrt{1 - v^2/c^2} = 0$, für noch größere Geschwindigkeiten wird die Wurzel imaginär. Wir schließen daraus, daß in der Relativitätstheorie die Geschwindigkeit c die Rolle einer Grenzgeschwindigkeit spielt, die durch keinen wirklichen Körper erreicht oder gar überschritten werden könnte.

Diese Rolle der Geschwindigkeit c als einer Grenzgeschwindigkeit folgt übrigens bereits aus den Gleichungen der LORENTZ-Transformation selbst. Denn diese werden sinnlos, wenn v größer als c gewählt wird.

Hätten wir umgekehrt einen Meterstab betrachtet, der in der x-Achse relativ zu K ruht, so hätten wir gefunden, daß er, von K' aus beurteilt, die Länge $\sqrt{1 - v^2/c^2}$ hat; dies liegt ganz im Sinne des Relativitätsprinzips, welches unseren Betrachtungen zugrunde gelegt ist.

Daß wir aus den Transformationsgleichungen etwas über das physikalische Verhalten von Maßstäben und Uhren erfahren müssen, liegt a priori auf der Hand. Denn die Größen x, y, z, t sind ja nichts anderes als mit Maßstäben und Uhren zu gewinnende Meßresultate. Hätten wir die GALILEI-Transformation zugrunde gelegt, so hätten wir eine Stabverkürzung infolge der Bewegung nicht erhalten.

Wir betrachten nun eine Sekundenuhr, die dauernd im Anfangspunkte ($x' = 0$) von K' ruht. $t' = 0$ und $t' = 1$ seien zwei aufeinander folgende Schläge dieser Uhr. Für diese beiden Schläge ergeben die erste und vierte der Gleichungen der LORENTZ-Transformation:

$$t = 0$$

und

$$t = \frac{1}{\sqrt{1 - \frac{v^2}{c^2}}} .$$

Von K aus beurteilt ist die Uhr mit der Geschwindigkeit v bewegt; von diesem Bezugskörper aus beurteilt vergeht zwischen zwei ihrer Schläge nicht eine Sekunde, sondern

$$\frac{1}{\sqrt{1 - \frac{v^2}{c^2}}} \text{ Sekunden,}$$

also eine etwas größere Zeit. Die Uhr geht infolge ihrer Bewegung langsamer als im Zustande der Ruhe. Auch hier spielt die Geschwindigkeit c die Rolle einer unerreichbaren Grenzgeschwindigkeit.

§ 13 Additionstheorem der Geschwindigkeiten. Fizeauscher Versuch

Da wir Uhren und Maßstäbe in praxi nur mit Geschwindigkeiten bewegen können, die klein sind gegen die Lichtgeschwindigkeit c, so werden die Ergebnisse des vorigen Paragraphen kaum direkt mit der Wirklichkeit verglichen werden können. Da dieselben andererseits dem Leser recht sonderbar vorkommen werden, so will ich nun aus der Theorie eine andere Konsequenz ziehen, die aus dem bisher Dargelegten leicht abzuleiten ist, und die durch das Experiment glänzend bestätigt wird.

In § 6 haben wir das Additionstheorem für gleichgerichtete Geschwindigkeiten abgeleitet, so, wie es sich aus den Hypothesen der klassischen Mechanik ergibt. Dasselbe läßt sich auch leicht aus der Galilei-Transformation (§ 11) folgern. Statt des gehenden Mannes im Wagen führen wir einen Punkt ein, der sich relativ zum Koordinatensystem K' nach der Gleichung

$$x' = w t'$$

bewegt. Aus der ersten und vierten Gleichung der GALILEI-Transformation kann man x' und t' durch x und t ausdrücken und erhält so

$$x = (v + w)t.$$

Diese Gleichung drückt nichts anderes aus als das Bewegungsgesetz des Punktes gegenüber dem System K (des Mannes gegenüber dem Bahndamm), welche Geschwindigkeit wir mit W bezeichnen, so daß man, wie in § 6, erhält:

$$W = v + w. \tag{A}$$

Wir können aber diese Betrachtung ebenso gut unter Zugrundelegung der Relativitätstheorie durchführen. Man hat dann in der Gleichung

$$x' = w t'$$

x' und t' durch x und t auszudrücken unter Verwendung der ersten und vierten Gleichung der LORENTZ-*Transformation.* Man erhält dann statt der Gleichung (A) die Gleichung:

$$W = \frac{v + w}{1 + \frac{v w}{c^2}}, \tag{B}$$

welche dem Additionstheorem gleichgerichteter Geschwindigkeiten nach der Relativitätstheorie entspricht. Die Frage ist nun, welches von diesen beiden Theoremen der Erfahrung gegenüber standhält. Hierüber belehrt uns ein höchst wichtiges Experiment, welches der geniale Physiker FIZEAU vor mehr als einem halben Jahrhundert ausführte, und das seitdem von einigen der besten Experimentalphysiker wiederholt wurde, so daß das Resultat unbezweifelbar ist. Das Experiment behandelt folgende Frage. In einer ruhenden Flüssigkeit pflanze sich das Licht mit einer bestimmten Geschwindigkeit w fort. Wie rasch pflanzt es sich in der Röhre R der Abbildung (S. 27) in der Pfeilrichtung fort, wenn diese von der vorhin genannten Flüssigkeit mit der Geschwindigkeit v durchströmt ist?

Wir werden im Sinne des Relativitätsprinzips jedenfalls vorauszusetzen haben, daß *relativ zur Flüssigkeit* die Lichtausbreitung im-

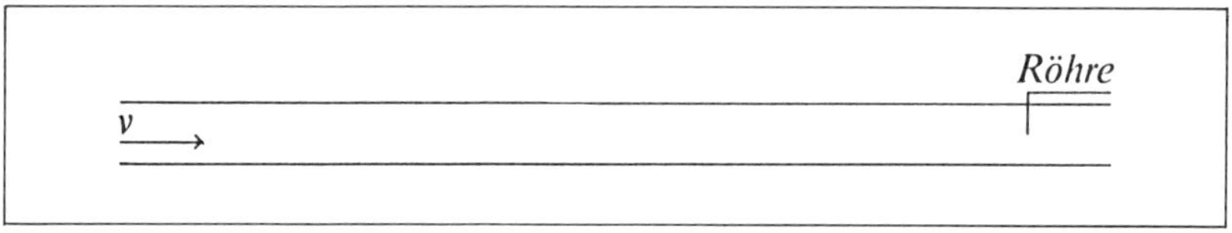

mer mit derselben Geschwindigkeit w erfolgt, mag die Flüssigkeit relativ zu anderen Körpern bewegt sein oder nicht. Es ist also die Geschwindigkeit des Lichtes relativ zur Flüssigkeit und die Geschwindigkeit der letzteren relativ zur Röhre bekannt, gesucht ist die Geschwindigkeit des Lichtes relativ zur Röhre.

Es ist klar, daß hier wieder die Aufgabe des § 6 vorliegt. Die Röhre spielt die Rolle des Bahndammes bzw. des Koordinatensystems K, die Flüssigkeit die Rolle des Wagens bzw. des Koordinatensystems K', das Licht endlich die Rolle des im Wagen laufenden Mannes bzw. des bewegten Punktes in diesem Paragraphen. Bezeichnet man also mit W die Geschwindigkeit des Lichtes relativ zur Röhre, so ist diese durch die Gleichung (A) bzw. (B) gegeben, je nachdem die Galilei-Transformation oder die Lorentz-Transformation der Wirklichkeit entspricht.

Das Experiment[10] entscheidet für die aus der Relativitätstheorie abgeleitete Gleichung (B), und zwar sehr exakt. Der Einfluß der Strömungsgeschwindigkeit v auf die Lichtfortpflanzung wird nach den letzten, ausgezeichneten Messungen von Zeeman durch die Formel (B) genauer als auf 1 Proz. genau dargestellt.

Es ist nun allerdings hervorzuheben, daß eine Theorie dieses Phänomens lange vor der Aufstellung der Relativitätstheorie auf rein elektrodynamischem Wege unter Benutzung bestimmter Hypothesen über die elektromagnetische Struktur der Materie von H. A. Lorentz gegeben worden ist. Dieser Umstand vermindert aber die Beweiskraft des Versuches als experimentum crucis zugunsten

10 Fizeau fand $W = w + v(1 - 1/n^2)$, wobei $n = c/w$ der Brechungsexponent der Flüssigkeit ist. Andererseits kann für (B) wegen der Kleinheit von vw/c^2 gegenüber 1 zunächst $W = (w + v)(1 - vw/c^2)$, oder mit der gleichen Näherung $w + v(1 - 1/n^2)$ gesetzt werden, was mit Fizeaus Resultat übereinstimmt.

der Relativitätstheorie keineswegs. Denn die MAXWELL-LORENTZsche Elektrodynamik, auf welcher die ursprüngliche Theorie beruhte, steht in keinerlei Gegensatz zur Relativitätstheorie. Letztere ist vielmehr aus der Elektrodynamik herausgewachsen als verblüffend einfache Zusammenfassung und Verallgemeinerung der früher voneinander unabhängigen Hypothesen, auf welchen die Elektrodynamik aufgebaut war.

§ 14 Der heuristische Wert der Relativitätstheorie

Der bisher dargelegte Gedankengang läßt sich wie folgt kurz zusammenfassen. Die Erfahrung hat zu der Überzeugung geführt, daß einerseits das Relativitätsprinzip (im engeren Sinne) gelte und daß andererseits die Ausbreitungsgeschwindigkeit des Lichtes im Vakuum gleich einer Konstanten c zu setzen sei. Durch Vereinigung dieser beiden Postulate ergab sich das Transformationsgesetz für die rechtwinkligen Koordinaten x, y, z und die Zeit t der Ereignisse, welche das Naturgeschehen zusammensetzen, und zwar ergab sich nicht die GALILEI-Transformation, sondern (abweichend von der klassischen Mechanik) die LORENTZ-Transformation.

In diesem Gedankengang spielte das Ausbreitungsgesetz des Lichtes eine wichtige Rolle, dessen Annahme sich aus unserem tatsächlichen Wissen rechtfertigt. Wir können aber, nachdem wir einmal im Besitz der LORENTZ-Transformation sind, diese mit dem Relativitätsprinzip vereinigen und die Theorie in die Aussage zusammenfassen:

Jedes allgemeine Naturgesetz muß so beschaffen sein, daß es in ein Gesetz von genau gleicher Fassung übergeht, wenn man statt der Raum-Zeit-Variablen x, y, z, t des ursprünglichen Koordinatensystems K neue Raum-Zeit-Variable x', y', z', t' eines Koordinatensystems K' einführt, wobei der mathematische Zusammenhang zwischen den gestrichenen und ungestrichenen Größen durch die LORENTZ-Transformation gegeben ist. Kurz formuliert: Die allgemeinen Naturgesetze sind kovariant bezüglich LORENTZ-Transformationen.

Es ist dies eine bestimmte mathematische Bedingung, welche die Relativitätstheorie einem Naturgesetze vorschreibt; dadurch wird sie zu einem wertvollen heuristischen Hilfsmittel beim Aufsuchen der allgemeinen Naturgesetze. Würde ein allgemeines Naturgesetz aufgefunden, welches jener Bedingung nicht entspricht, so wäre mindestens eine der beiden Grundvoraussetzungen der Theorie widerlegt. Sehen wir nun zu, was letztere an allgemeinen Ergebnissen bisher gezeigt hat.

§ 15 Allgemeine Ergebnisse der Theorie

Aus den bisherigen Darlegungen ist ersichtlich, daß die (spezielle) Relativitätstheorie aus der Elektrodynamik und Optik herausgewachsen ist. Auf diesen Gebieten hat sie an den Aussagen der Theorie nicht viel geändert, aber sie hat das theoretische Gebäude, d.h. die Ableitung der Gesetze, bedeutend vereinfacht und – was noch ungleich wichtiger ist – die Zahl der voneinander unabhängigen Hypothesen, auf welchen die Theorie beruht, erheblich vermindert. Sie hat der MAXWELL-LORENTZschen Theorie einen solchen Grad von Evidenz verliehen, daß diese auch dann bei den Physikern allgemein durchgedrungen wäre, wenn das Experiment weniger überzeugend zu ihren Gunsten gesprochen hätte.

Die klassische Mechanik bedurfte erst einer Modifikation, um mit der Forderung der speziellen Relativitätstheorie in Einklang zu kommen. Diese Modifikation betrifft jedoch im wesentlichen nur die Gesetze für rasche Bewegungen, bei welchen die Geschwindigkeiten v der Materie gegenüber der Lichtgeschwindigkeit nicht gar zu klein sind. So rasche Bewegungen zeigt uns die Erfahrung nur an Elektronen und Ionen; bei anderen Bewegungen sind die Abweichungen von den Gesetzen der klassischen Mechanik zu gering, um sich praktisch bemerkbar zu machen. Von der Bewegung der Gestirne wird erst bei der allgemeinen Relativitätstheorie zu sprechen sein. Nach der Relativitätstheorie wird die kinetische Energie eines materiellen Punktes von der Masse m nicht mehr durch den bekannten Ausdruck

$$m\frac{v^2}{2}$$

gegeben, sondern durch den Ausdruck

$$mc^2\left(\frac{1}{\sqrt{1-\frac{v^2}{c^2}}}-1\right).$$

Dieser Ausdruck wird unendlich, wenn sich die Geschwindigkeit v der Lichtgeschwindigkeit c nähert. Es muß also die Geschwindigkeit stets kleiner als c bleiben, wie große Energien man auch auf die Beschleunigung verwenden mag. Entwickelt man den Ausdruck für die kinetische Energie in eine Reihe, so erhält man:

$$mc^2 + m\frac{v^2}{2} + \frac{3}{8}m\frac{v^4}{c^2} + \cdots.$$

Das dritte dieser Glieder ist gegenüber dem zweiten, in der klassischen Mechanik allein berücksichtigten, stets klein, wenn v^2/c^2 klein gegen 1 ist. Das erste Glied mc^2 enthält die Geschwindigkeit nicht, kommt also nicht in Betracht, wenn es sich nur um die Frage handelt, wie die Energie eines Massenpunktes von der Geschwindigkeit abhängt. Über seine prinzipielle Bedeutung wird nachher gesprochen werden.

Das wichtigste Ergebnis allgemeiner Art, zu dem die spezielle Relativitätstheorie geführt hat, betrifft den Begriff der Masse. Die vorrelativistische Physik kennt zwei Erhaltungssätze von grundlegender Bedeutung, nämlich den Satz von der Erhaltung der Energie und den Satz von der Erhaltung der Masse; diese beiden Fundamentalsätze erscheinen als ganz unabhängig voneinander. Durch die Relativitätstheorie werden sie zu einem Satze verschmolzen. Wie dies kam, und wie diese Verschmelzung aufzufassen ist, soll nun kurz dargelegt werden.

Das Relativitätsprinzip fordert, daß der Satz von der Erhaltung der Energie nicht nur bezüglich *eines* Koordinatensystems K gelte, sondern bezüglich eines jeden Koordinatensystems K', das relativ zu K sich in gleichförmiger Translationsbewegung befindet (kurz gesagt, bezüglich jedes „GALILEIschen" Koordinatensystems). Für den Übergang zwischen zwei solchen Systemen ist im Gegensatz zur klassischen Mechanik die LORENTZ-Transformation maßgebend.

Aus diesen Prämissen in Verbindung mit den Grundgleichungen der MAXWELLschen Elektrodynamik kann man mit zwingender Notwendigkeit durch verhältnismäßig einfache Betrachtungen folgern: Ein mit der Geschwindigkeit v fliegender Körper, der in Form von Strahlung die Energie E_0 aufnimmt[11], ohne hierbei seine Geschwindigkeit zu ändern, erfährt dabei eine Zunahme seiner Energie um den Betrag

$$\frac{E_0}{\sqrt{1-\frac{v^2}{c^2}}}.$$

Die gesuchte Energie des Körpers ist also dann mit Rücksicht auf den vorher angegebenen Ausdruck für die kinetische Energie gegeben durch:

$$\frac{\left(m+\frac{E_0}{c^2}\right)c^2}{\sqrt{1-\frac{v^2}{c^2}}}.$$

Der Körper hat also dann dieselbe Energie wie ein mit der Geschwindigkeit v bewegter Körper von der Masse $m + E_0/c^2$. Man kann also sagen: Nimmt ein Körper die Energie E_0 auf, so wächst seine träge Masse um E_0/c^2; die träge Masse eines Körpers ist keine Konstante, sondern nach Maßgabe seiner Energieänderung veränderlich. Die träge Masse eines Körpersystems kann geradezu als Maß für seine Energie angesehen werden. Der Satz von der Erhaltung der Masse eines Systems fällt mit dem Satze von der Erhaltung der

11 E_0 ist die aufgenommene Energie, von einem mit dem Körper bewegten Koordinatensystem aus beurteilt.

Energie zusammen und gilt nur insoweit, als das System keine Energie aufnimmt und abgibt. Schreibt man den Ausdruck für die Energie in der Form

$$\frac{mc^2 + E_0}{\sqrt{1 - \frac{v^2}{c^2}}},$$

so sieht man, daß die Form mc^2, die uns schon vorhin auffiel, nichts anderes ist als die Energie, welche der Körper schon besaß[12], bevor er die Energie E_0 aufgenommen hatte.

Der direkte Vergleich dieses Satzes mit der Erfahrung scheitert vorläufig daran, daß die Energieänderungen E_0, welche wir einem System erteilen können, nicht groß genug sind, um sich als Änderung der trägen Masse des Systems bemerkbar zu machen. E_0/c^2 ist zu klein im Vergleich zu der Masse m, die vor der Energieänderung vorhanden war. Auf diesem Umstande beruht es, daß ein Satz von der Erhaltung der Masse von selbständiger Geltung mit Erfolg aufgestellt werden konnte.

Noch eine letzte Bemerkung prinzipieller Natur. Der Erfolg der FARADAY-MAXWELLschen Deutung der elektrodynamischen Fernwirkung durch intermediäre Vorgänge mit endlicher Ausbreitungsgeschwindigkeit brachte es mit sich, daß bei den Physikern sich die Überzeugung Bahn brach, daß es unvermittelte, momentane Fernwirkungen vom Typus des NEWTONschen Gravitationsgesetzes nicht gebe. Nach der Relativitätstheorie tritt an die Stelle der Momentanwirkung in die Ferne bzw. der Fernwirkung mit unendlicher Ausbreitungsgeschwindigkeit stets die Fernwirkung mit Lichtgeschwindigkeit. Es hängt dies zusammen mit der prinzipiellen Rolle, welche die Geschwindigkeit c in dieser Theorie spielt. Im zweiten Teile wird sich zeigen, in welcher Weise dies Ergebnis in der allgemeinen Relativitätstheorie modifiziert wird.

12 Von einem mitbewegten Koordinatensystem aus beurteilt.

§ 16 Spezielle Relativitätstheorie und Erfahrung

Die Frage, inwieweit die spezielle Relativitätstheorie durch die Erfahrung gestützt wird, ist nicht einfach zu beantworten aus einem Grunde, der schon bei Gelegenheit des Fundamentalversuches von Fizeau erwähnt ist. Die spezielle Relativitätstheorie ist aus der Maxwell-Lorentzschen Theorie der elektromagnetischen Erscheinungen auskristallisiert. Somit stützen alle Erfahrungstatsachen die Relativitätstheorie, welche jene elektromagnetische Theorie stützen. Ich erwähne hier als besonders wichtig, daß die Relativitätstheorie in überaus einfacher Weise in Übereinstimmung mit der Erfahrung die Einflüsse abzuleiten gestattet, welche das von den Fixsternen zu uns gesandte Licht durch die Relativbewegung der Erde gegen jene Fixsterne erfährt. Es ist dies die jährliche Wanderung des scheinbaren Ortes der Fixsterne infolge der Erdbewegung um die Sonne (Aberration) und der Einfluß der Radialkomponente der Relativbewegungen der Fixsterne gegen die Erde auf die Farbe des zu uns gelangenden Lichtes; der letztere Einfluß äußert sich in einer kleinen Verschiebung der Spektrallinien des von einem Fixstern zu uns gelangenden Lichtes gegenüber der spektralen Lage der gleichen mit einer irdischen Lichtquelle erzeugten Spektrallinie (Dopplersches Prinzip). Die experimentellen Argumente zugunsten der Maxwell-Lorentzschen Theorie, welche alle zugleich Argumente zugunsten der Relativitätstheorie sind, sind zu zahlreich, um hier dargelegt zu werden. Sie engen tatsächlich die theoretischen Möglichkeiten derart ein, daß sich keine andere Theorie als die Maxwell-Lorentzsche der Erfahrung gegenüber hat behaupten können.

Zwei Klassen von bisher ermittelten experimentellen Tatsachen aber gibt es, welche die Maxwell-Lorentzsche Theorie nur durch Hinzuziehung einer Hilfshypothese darstellen kann, die an sich – d. h. ohne Benutzung der Relativitätstheorie – befremdlich erscheint.

Es ist bekannt, daß die Kathodenstrahlen und die von radioaktiven Substanzen ausgesandten sogenannten β-Strahlen aus negativ elektrischen Körperchen (Elektronen) von sehr geringer Trägheit und großer Geschwindigkeit bestehen. Dadurch, daß man die Ablenkung dieser Strahlungen unter dem Einfluß elektrischer und magnetischer Felder untersucht, kann man das Bewegungsgesetz dieser Körperchen sehr genau studieren.

Bei der theoretischen Behandlung dieser Elektronen hat man mit der Schwierigkeit zu kämpfen, daß die Elektrodynamik allein von ihrer Natur keine Rechenschaft zu geben vermag. Denn da elektrische Massen *eines* Vorzeichens sich abstoßen, müßten die das Elektron konstituierenden negativen elektrischen Massen unter dem Einfluß ihrer Wechselwirkung auseinander getrieben werden, wenn nicht noch Kräfte anderer Art zwischen ihnen wirksam wären, deren Natur uns bisher dunkel ist[13]. Nimmt man nun an, daß die relativen Abstände der das Elektron konstituierenden elektrischen Massen bei den Bewegungen des Elektrons ungeändert bleiben (starre Verbindung im Sinne der klassischen Mechanik), so gelangt man zu einem Bewegungsgesetz des Elektrons, welches mit der Erfahrung nicht übereinstimmt. H. A. LORENTZ hat als erster, geführt durch rein formale Überlegungen, die Hypothese eingeführt, daß der Körper des Elektrons durch die Bewegung eine Kontraktion in der Bewegungsrichtung erfahre, proportional dem Ausdruck $\sqrt{1-v^2/c^2}$. Diese Hypothese, welche sich elektrodynamisch durch nichts rechtfertigen läßt, liefert dann dasjenige Bewegungsgesetz, welches die Erfahrung mit großer Präzision in den letzten Jahren bestätigt hat.

Die Relativitätstheorie liefert dasselbe Bewegungsgesetz, ohne daß sie irgendeiner speziellen Hypothese über den Bau und das Verhalten des Elektrons bedürfte. Analog liegen die Dinge, wie wir in § 13 gesehen haben, bei dem Versuch von FIZEAU, dessen Ergebnis die Relativitätstheorie lieferte, ohne daß Hypothesen über die physikalische Natur der Flüssigkeit gemacht werden mußten.

Die zweite Klasse von Tatsachen, auf die hier hingewiesen ist, bezieht sich auf die Frage, ob bei Versuchen auf der Erde deren Bewegung im Weltenraume sich bemerkbar mache. Es wurde schon in § 5 bemerkt, daß alle derartigen Bemühungen ein negatives Resul-

13 Die allgemeine Relativitätstheorie legt die Auffassung nahe, daß die elektrischen Massen eines Elektrons durch Gravitationskräfte zusammengehalten werden.

tat lieferten. Vor der Aufstellung der Relativitätstheorie hatte es die Wissenschaft schwer, sich mit diesem negativen Befunde auseinanderzusetzen; die Sachlage war nämlich folgende. Die überkommenen Vorurteile über Zeit und Raum ließen keinen Zweifel darüber aufkommen, daß die GALILEI-Transformation für den Übergang von einem Bezugskörper zu einem anderen maßgebend sei. Angenommen nun, die MAXWELL-LORENTZschen Gleichungen gelten für einen Bezugskörper K, so findet man, daß sie nicht gelten für einen relativ zu K gleichförmig bewegten Bezugskörper K', wenn man annimmt, daß zwischen den Koordinaten von K und K' die Beziehungen der GALILEI-Transformation bestehen. Dadurch scheint es, daß von allen GALILEIschen Koordinatensystemen eines (K) von bestimmtem Bewegungszustande physikalisch ausgezeichnet sei. Physikalisch interpretierte man dies Ergebnis dahin, daß man K als relativ zu einem hypothetischen Lichtäther ruhend ansah. Dagegen sollten alle gegen K bewegten Koordinatensysteme K' gegen den Äther bewegt sein. Dieser Bewegung von K' gegen den Äther („Ätherwind" relativ zu K') schrieb man die komplizierteren Gesetze zu, welche relativ zu K' gelten sollten. Auch relativ zur Erde mußte folgerichtig ein solcher Ätherwind angenommen werden, und das Bestreben der Physiker war lange darauf gerichtet, diesen nachzuweisen.

Hierfür hatte MICHELSON einen Weg gefunden, der nicht fehlschlagen zu können schien. Man denke sich an einem starren Körper zwei Spiegel angeordnet, welche einander die reflektierende Seite zukehren. Ein Lichtstrahl braucht eine ganz bestimmte Zeit T, um von einem Spiegel zum anderen und wieder zurück zu gelangen, falls dies ganze System gegen den Lichtäther ruht. Man findet für diesen Vorgang aber (durch Rechnung) eine etwas andere Zeit T', wenn der Körper nebst Spiegeln relativ zum Äther bewegt ist. Ja, noch mehr! Die Rechnung ergibt, daß diese Zeit T' bei gegebener Geschwindigkeit v gegen den Äther eine andere sei, wenn der Körper senkrecht zu den Spiegelebenen bewegt ist, als wenn er parallel zu den Spiegelebenen bewegt ist. So winzig die so berechnete Differenz zwischen diesen beiden Zeitdauern auch sich ergab, MICHELSON und MORLEY führten ein Interferenzexperiment aus, bei welchem die Differenz deutlich hätte in Erscheinung treten müssen. Das Experiment fiel aber negativ aus, zur großen Verlegenheit der Physiker. LORENTZ und FIZ GERALD zogen die Theorie aus dieser Verlegenheit, indem sie annahmen, daß die Bewegung des Körpers gegen den Äther eine Kontraktion desselben in der Bewegungsrichtung bewirke, welche das Verschwinden der genannten Zeitdifferenz gerade bewirken sollte. Ein Vergleich mit den Darlegungen des § 12 zeigt, daß dieser Ausweg auch vom Standpunkt der Relativitätstheorie der richtige war. Die Auffassung der Sachlage ist aber nach der Relativitätstheorie eine unvergleichlich befriedigendere. Nach ihr gibt es kein bevorzugtes Koordinatensystem, welches zur Einführung der Ätheridee Anlaß gibt, mithin auch keinen Ätherwind und kein Experiment, um einen solchen in Evidenz zu setzen. Die Kontraktion bewegter Körper folgt hier ohne besondere Hypothesen aus den beiden Grundprinzipien der Theorie; und zwar ergibt sich als maßgebend für diese Kontraktion nicht die Bewegung an sich, welcher wir keinen Sinn beizulegen vermögen, sondern die Bewegung gegen den jeweiligen gewählten Bezugskörper. So ist also für ein mit der Erde bewegtes Bezugssystem der Spiegelkörper von MICHELSON und MORLEY nicht verkürzt, wohl aber für ein relativ zur Sonne ruhendes Bezugssystem.

§ 17 MINKOWSKIS vierdimensionaler Raum

Ein mystischer Schauer ergreift den Nichtmathematiker, wenn er von „vierdimensional" hört, ein Gefühl, das dem vom Theatergespenst erzeugten nicht unähnlich ist. Und doch ist keine Aussage banaler als die, daß unsere gewohnte Welt ein vierdimensionales zeiträumliches Kontinuum ist.

Der *Raum* ist ein dreidimensionales Kontinuum. Dies will sagen, daß es möglich ist, die Lage eines (ruhenden) Punktes durch drei Zahlen (Koordinaten), x, y, z, zu beschreiben, und daß es zu jedem Punkte beliebig „benachbarte" Punkte gibt, deren Lage durch solche Koordinatenwerte (Koordinaten) x_1, y_1, z_1 beschrieben werden kann, die den Koordinaten x, y, z des erstgenannten beliebig nahe kommen. Wegen der letzteren Eigenschaft sprechen wir von

„Kontinuum“, wegen der Dreizahl der Koordinaten von „dreidimensional“.

Analog ist die Welt des physikalischen Geschehens, von MINKOWSKI kurz „Welt“ genannt, natürlich vierdimensional in zeiträumlichem Sinne. Denn sie setzt sich aus Einzelereignissen zusammen, deren jedes durch vier Zahlen, nämlich drei räumliche Koordinaten x, y, z und eine zeitliche Koordinate, den Zeitwert t, beschrieben ist. Die „Welt“ ist in diesem Sinne auch ein Kontinuum; denn es gibt zu jedem Ereignis beliebig „benachbarte“ (realisierte oder doch denkbare) Ereignisse, deren Koordinaten x_1, y_1, z_1, t_1 sich von denen des ursprünglich betrachteten Ereignisses x, y, z, t beliebig wenig unterscheiden. Daß wir nicht daran gewöhnt sind, die Welt in diesem Sinne als vierdimensionales Kontinuum aufzufassen, liegt daran, daß die Zeit in der vorrelativistischen Physik gegenüber den räumlichen Koordinaten eine verschiedene, mehr selbständige Rolle spielt. Darum haben wir uns daran gewöhnt, die Zeit als ein selbständiges Kontinuum zu behandeln. In der Tat ist die Zeit gemäß der klassischen Physik absolut, d.h. von der Lage *und dem Bewegungszustande* des Bezugssystems unabhängig. Dies kommt in der letzten Gleichung der GALILEI-Transformation ($t' = t$) zum Ausdruck.

Durch die Relativitätstheorie ist die vierdimensionale Betrachtungsweise der „Welt“ geboten, da ja gemäß dieser Theorie die Zeit ihrer Selbständigkeit beraubt wird, wie die vierte der Gleichungen der LORENTZ-Transformation

$$t' = \frac{t - \frac{v}{c^2}x}{\sqrt{1 - \frac{v^2}{c^2}}}$$

lehrt. Denn nach dieser Gleichung verschwindet die Zeitdifferenz $\Delta t'$ zweier Ereignisse in bezug auf K' auch dann im allgemeinen nicht, wenn die Zeitdifferenz Δt derselben in bezug auf K verschwindet. Rein räumliche Distanz zweier Ereignisse in bezug auf K hat zeitliche Distanz derselben in bezug auf K' zur Folge. Auch hierin liegt nicht MINKOWSKIs für die formale Entwicklung der Relativitätstheorie wichtige Entdeckung. Diese liegt vielmehr in der Erkenntnis, daß das vierdimensionale Kontinuum der Relativitätstheorie in seinen maßgebenden formalen Eigenschaften die weitgehendste Verwandtschaft zeigt zu dem dreidimensionalen Kontinuum des euklidischen geometrischen Raumes[14]. Um diese Verwandtschaft ganz hervortreten zu lassen, muß man allerdings statt der üblichen Zeitkoordinaten t die ihr proportionale imaginäre Größe $\sqrt{-1}\, c\, t$ einführen. Dann aber nehmen die den Forderungen der (speziellen) Relativitätstheorie genügenden Naturgesetze mathematische Formen an, in denen die Zeitkoordinate genau dieselbe Rolle spielt wie die drei räumlichen Koordinaten. Diese vier Koordinaten entspechen formal genau den drei räumlichen Koordinaten der euklidischen Geometrie. Es muß auch dem Nichtmathematiker einleuchten, daß durch diese rein formale Erkenntnis die Theorie außerordentlich an Übersichtlichkeit gewinnen mußte.

Diese dürftigen Andeutungen geben dem Leser nur eine vage Idee von dem wichtigen Gedanken Minkowskis, ohne den die im folgenden in ihren Grundgedanken entwickelte allgemeine Relativitätstheorie vielleicht in den Windeln stecken geblieben wäre. Da aber ein exakteres Erfassen dieses für den mathematisch nichtgeübten Leser zweifellos schwer zugänglichen Gegenstandes für das Verständnis der Grundgedanken weder der speziellen noch der allgemeinen Relativitätstheorie nötig ist, so will ich denselben hier verlassen, um erst in den letzten Darlegungen dieses Büchleins wieder darauf zurückzukommen.

14 Vgl. die etwas ausführlichere Darlegung im Anhang.

Zweiter Teil
Über die allgemeine Relativitätstheorie

§ 18 Spezielles und allgemeines Relativitätsprinzip

Die Grundthese, um welche sich alle bisherigen Ausführungen drehten, war das *spezielle* Relativitätsprinzip, d.h. das Prinzip von der physikalischen Relativität aller *gleichförmigen* Bewegungen. Analysieren wir noch einmal genau seinen Inhalt!

Daß jegliche Bewegung ihrem Begriff nach nur als *relative* Bewegung gedacht werden muß, war zu allen Zeiten einleuchtend. Bei unserem viel benutzten Beispiel vom Bahndamm und vom Eisenbahnwagen kann die Tatsache der hier stattfindenden Bewegung mit gleichem Rechte in den beiden Formen ausgesprochen werden:

a) der Wagen bewegt sich relativ zum Bahndamm,
b) der Bahndamm bewegt sich relativ zum Wagen.

Im Falle a) dient bei dieser Aussage der Bahndamm, im Falle b) der Wagen als Bezugskörper. Bei der bloßen Feststellung bzw. Beschreibung der Bewegung ist es prinzipiell gleichgültig, auf was für einen Bezugskörper man die Bewegung bezieht. Dies ist, wie gesagt, selbstverständlich und darf nicht mit der viel weitergehenden Aussage verwechselt werden, welche wir „Relativitätsprinzip" genannt und unseren Untersuchungen zugrunde gelegt haben.

Das von uns benutzte Prinzip behauptet nicht nur, daß man für die Beschreibung jeglichen Geschehens ebensowohl den Wagen wie den Bahndamm als Bezugskörper wählen könne (denn auch dies ist selbstverständlich). Unser Prinzip behauptet vielmehr: Formuliert man die allgemeinen Naturgesetze, wie sie sich aus der Erfahrung ergeben, indem man sich

a) des Bahndammes als Bezugskörper bedient,
b) des Wagens als Bezugskörper bedient,

so lauten diese allgemeinen Naturgesetze (z. B. die Gesetze der Mechanik oder das Gesetz der Lichtausbreitung im Vakuum) genau gleich in beiden Fällen. Man kann das auch so ausdrücken: Für die *physikalische* Beschreibung der Naturvorgänge ist keiner der Bezugskörper K, K' vor dem anderen ausgezeichnet. Diese letztere Aussage muß nicht a priori notwendig zutreffen wie die erstere; sie ist nicht in den Begriffen „Bewegung" und „Bezugskörper" enthalten und aus ihnen ableitbar, sondern über ihre Richtigkeit oder Unrichtigkeit kann nur die *Erfahrung* entscheiden.

Wir haben nun aber bisher keineswegs die Gleichwertigkeit *aller* Bezugskörper K mit Bezug auf die Formulierung der Naturgesetze behauptet. Unser Weg war vielmehr folgender. Wir gingen zunächst von der Annahme aus, daß es einen Bezugskörper K von solchem Bewegungszustande gebe, daß relativ zu ihm der GALILEIsche Grundsatz gilt: Ein sich selbst überlassener, von allen übrigen hinlänglich entfernter Massenpunkt bewegt sich gleichförmig und geradlinig. Auf K (GALILEIscher Bezugskörper) bezogen sollten die Naturgesetze möglichst einfache sein. Außer K sollten aber alle diejenigen Bezugskörper K' in diesem Sinne bevorzugt und mit K für die Formulierung der Naturgesetze genau gleichwertig sein, welche relativ zu K eine *geradlinig gleichförmige, rotationsfreie Bewegung* ausführen: alle diese Bezugskörper werden als GALILEIsche Bezugskörper angesehen. Nur für diese Bezugskörper wurde die Gültigkeit des Relativitätsprinzips angenommen, für andere (anders bewegte) nicht. In diesem Sinne sprechen wir vom *speziellen* Relativitätsprinzip bzw. spezieller Relativitätstheorie.

Im Gegensatz hierzu wollen wir unter „allgemeinem Relativitätsprinzip" die Behauptung verstehen: Alle Bezugskörper K, K' usw. sind für die Naturbeschreibung (Formulierung der allgemeinen Naturgesetze) gleichwertig, welches auch deren Bewegungszustand sein mag. Es sei aber gleich bemerkt, daß diese Formulierung durch eine abstraktere ersetzt werden muß aus Gründen, die erst später zutage treten werden.

Nachdem sich die Einführung des speziellen Relativitätsprinzips bewährt hat, muß es jedem nach Verallgemeinerung strebenden Geiste verlockend erscheinen, den Schritt zum allgemeinen Relativitätsprinzip zu wagen. Aber eine einfache, scheinbar ganz zuverlässige Betrachtung läßt einen solchen Versuch zunächst aussichtslos erscheinen. Der Leser denke sich in den schon so oft betrachteten, gleichförmig fahrenden Eisenbahnwagen versetzt. Solange der Wagen gleichförmig fährt, ist für den Insassen nichts vom Fahren des Wagens zu merken. Daher kommt es auch, daß der Insasse den Tatbestand ohne inneres Widerstreben dahin deuten kann, daß der Wagen ruhe, der Bahndamm aber bewegt sei. Diese Interpretation ist übrigens nach dem speziellen Relativitätsprinzip auch physikalisch ganz berechtigt.

Wird nun aber die Bewegung des Wagens etwa dadurch in eine ungleichförmige verwandelt, daß der Wagen kräftig gebremst wird, so erhält der Insasse einen entsprechend kräftigen Ruck nach vorne. Die beschleunigte Bewegung des Wagens äußert sich in dem mechanischen Verhalten der Körper relativ zu ihm; das mechanische Verhalten ist ein anderes als im vorhin betrachteten Falle, und es erscheint deshalb ausgeschlossen zu sein, daß relativ zum ungleichförmig bewegten Wagen die gleichen mechanischen Gesetze gelten, wie relativ zum ruhenden bzw. gleichförmig bewegten Wagen. Jedenfalls ist klar, daß relativ zum ungleichförmig bewegten Wagen der GALILEIsche Grundsatz nicht gilt. Wir fühlen uns daher zunächst genötigt, entgegen dem allgemeinen Relativitätsprinzip der ungleichförmigen Bewegung eine Art absolute physikalische Realität zuzusprechen. Im folgenden werden wir aber bald sehen, daß dieser Schluß nicht stichhaltig ist.

§ 19 Das Gravitationsfeld

Auf die Frage: „Warum fällt ein Stein, den wir emporheben und darauf loslassen, zur Erde?" antwortet man gewöhnlich: „Weil er von der Erde angezogen wird." Die moderne Physik formuliert die Antwort etwas anders aus folgendem Grunde. Durch genaueres Studium der elektromagnetischen Erscheinungen ist man zu der Auffassung gekommen, daß es eine unvermittelte Wirkung in die Ferne nicht gebe. Zieht z.B. ein Magnet ein Stück Eisen an, so darf man sich nicht mit der Auffassung zufrieden geben, daß der Magnet durch den leeren Zwischenraum hindurch auf das Eisen direkt einwirke, sondern man stellt sich nach FARADAY vor, daß der Magnet in dem ihn umgebenden Raume etwas physikalisch Reales stets hervorrufe, was man als „magnetisches Feld" bezeichnet. Dies magnetische Feld wirkt seinerseits wieder auf das Eisenstück ein, so daß es sich zum Magneten zu bewegen strebt. Die Berechtigung dieses an sich willkürlichen Zwischenbegriffes wollen wir hier nicht erörtern. Es sei nur bemerkt, daß man mit seiner Hilfe die elektromagnetischen Erscheinungen, insbesondere die Ausbreitung der elektromagnetischen Wellen, viel befriedigender theoretisch darstellen kann als ohne denselben. Analog faßt man auch die Wirkung der Gravitation auf.

Die Einwirkung der Erde auf den Stein kommt indirekt zustande. Die Erde erzeugt in ihrer Umgebung ein Gravitationsfeld. Dieses wirkt auf den Stein und veranlaßt seine Fallbewegung. Die Stärke der Einwirkung auf einen Körper nimmt erfahrungsgemäß ab, wenn man sich mehr und mehr von der Erde entfernt, nach einem ganz bestimmten Gesetze. Dies heißt in unserer Auffassungsweise: Das Gesetz, welches die räumlichen Eigenschaften des Gravitationsfeldes beherrscht, muß ein ganz bestimmtes sein, um die Abnahme der Gravitationswirkung mit der Entfernung vom wirksamen Körper richtig darzustellen. Man stellt sich etwa vor, der Körper (z.B. die Erde) erzeuge direkt das Feld in seiner unmittelbaren Nähe; Stärke und Richtung des Feldes in größerer Entfernung sind dann hieraus durch das Gesetz bestimmt, welches die räumlichen Eigenschaften der Gravitationsfelder selbst beherrscht.

Das Gravitationsfeld weist im Gegensatz zum elektrischen und magnetischen Felde eine höchst merkwürdige Eigenschaft auf, welche für das Folgende von fundamentaler Bedeutung ist. Körper, die sich unter ausschließlicher Wirkung des Schwerefeldes bewegen, erfahren eine Beschleunigung, *welche weder vom Material noch vom physikalischen Zustande des Körpers im geringsten abhängt.* Ein Stück Blei und ein Stück Holz fallen beispielsweise im Schwerefelde (im luftleeren Raume) genau gleich, wenn man sie ohne bzw. mit gleicher Anfangsgeschwindigkeit fallen läßt. Man kann dies äußerst genau gültige Gesetz auch noch anders formulieren auf Grund folgender Erwägung.

Nach NEWTONS Bewegungsgesetz ist

$$\text{(Kraft)} = \text{(träge Masse)} \cdot \text{(Beschleunigung)},$$

wobei die „träge Masse" eine charakteristische Konstante des beschleunigten Körpers ist. Ist nun die beschleunigende Kraft die Schwere, so ist andererseits

$$\text{(Kraft)} = \text{(schwere Masse)} \cdot \text{(Intensität des Schwerefeldes)},$$

wobei die „schwere Masse" ebenfalls eine für den Körper charakteristische Konstante ist. Aus beiden Relationen folgt:

$$\text{(Beschleunigung)} = \frac{\text{(schwere Masse)}}{\text{(träge Masse)}} \cdot \begin{pmatrix}\text{Intensität des}\\ \text{Schwerefeldes}\end{pmatrix}.$$

Soll nun, wie die Erfahrung ergibt, bei gegebenem Schwerefelde die Beschleunigung unabhängig von der Natur und dem Zustande des Körpers stets dieselbe sein, so muß das Verhältnis der schweren zur trägen Masse ebenfalls für alle Körper gleich sein. Man kann also dies Verhältnis durch passende Wahl der Einheiten zu 1 machen; dann gilt der Satz: Die *schwere* und die *träge* Masse eines Körpers sind einander gleich.

Die bisherige Mechanik hat diesen wichtigen Satz zwar *registriert*, aber nicht *interpretiert*. Eine befriedigende Interpretation kann nur so zustande kommen, daß man einsieht: *Dieselbe* Qualität des Körpers äußert sich je nach Umständen als „Trägheit" oder als „Schwere". Inwiefern dies tatsächlich der Fall ist, und wie diese Frage mit dem allgemeinen Relativitätspostulat zusammenhängt, wird im nächsten Paragraphen dargelegt werden.

§ 20 Die Gleichheit der trägen und schweren Masse als Argument für das allgemeine Relativitätspostulat

Wir denken uns ein geräumiges Stück leeren Weltraumes, so weit weg von Sternen und erheblichen Massen, daß wir mit hinreichender Genauigkeit den Fall vor uns haben, der im GALILEIschen

Grundgesetz vorgesehen ist. Es ist dann möglich, für diesen Teil Welt einen GALILEIschen Bezugskörper zu wählen, relativ zu welchem ruhende Punkte ruhend bleiben, bewegte dauernd in geradlinig gleichförmiger Bewegung verharren. Als Bezugskörper denken wir uns einen geräumigen Kasten von der Gestalt eines Zimmers; darin befinde sich ein mit Apparaten ausgestatteter Beobachter. Für diesen gibt es natürlich keine Schwere. Er muß sich mit Schnüren am Boden befestigen, wenn er nicht beim leisesten Stoß gegen den Boden langsam gegen die Decke des Zimmers entschweben will.

In der Mitte der Kastendecke sei außen ein Haken mit Seil befestigt und an diesem fange nun ein Wesen von uns gleichgültiger Art mit konstanter Kraft zu ziehen an. Dann beginnt der Kasten samt dem Beobachter in gleichförmig beschleunigtem Fluge nach „oben" zu fliegen. Seine Geschwindigkeit wird im Laufe der Zeit ins Phantastische zunehmen – falls wir all dies beurteilen von einem anderen Bezugskörper aus, an dem nicht mit einem Stricke gezogen wird.

Wie beurteilt aber der Mann im Kasten den Vorgang? Die Beschleunigung des Kastens wird vom Boden desselben durch Gegendruck auf ihn übertragen. Er muß also diesen Druck mittels seiner Beine aufnehmen, wenn er nicht seiner ganzen Länge nach den Boden berühren will. Er steht dann im Kasten genau wie einer in einem Zimmer eines Hauses auf unserer Erde steht. Läßt er einen Körper los, den er vorher in der Hand hatte, so wird auf diesen die Beschleunigung des Kastens nicht mehr übertragen; der Körper wird sich daher in beschleunigter Relativbewegung dem Boden des Kastens nähern. Der Beobachter wird sich ferner überzeugen, *daß die Beschleunigung des Körpers gegen den Boden immer gleich groß ist, mit was für einem Körper er auch den Versuch ausführen mag.*

Der Mann im Kasten wird also, gestützt auf seine Kenntnisse vom Schwerefelde, wie wir sie im letzten Paragraphen besprochen, zu dem Ergebnis kommen, daß er samt dem Kasten sich in einem ziemlich konstanten Schwerefelde befinde. Er wird allerdings einen Augenblick verwundert sein darüber, daß der Kasten in diesem Schwerefelde nicht falle. Da entdeckt er aber den Haken in der Mitte der Decke und das an demselben befestigte gespannte Seil, und er kommt folgerichtig zu dem Ergebnis, daß der Kasten in dem Schwerefelde ruhend aufgehängt sei.

Dürfen wir über den Mann lächeln und sagen, er befinde sich mit seiner Auffassung im Irrtum? Ich glaube, wir dürfen das nicht, wenn wir konsequent bleiben wollen, sondern wir müssen zugeben, daß seine Auffassungsweise weder gegen die Vernunft noch gegen die bekannten mechanischen Gesetze verstößt. Wir können den Kasten, wenn er auch gegen den zuerst betrachteten „GALILEIschen Raum" beschleunigt ist, dennoch als ruhend ansehen. Wir haben also guten Grund, das Relativitätsprinzip auszudehnen auf relativ zueinander beschleunigte Bezugskörper und haben so ein kräftiges Argument für ein verallgemeinertes Relativitätspostulat gewonnen.

Man beachte wohl, daß die Möglichkeit dieser Auffassungsweise auf der fundamentalen Eigenschaft des Schwerefeldes beruht, allen Körpern dieselbe Beschleunigung zu erteilen, oder, was dasselbe bedeutet, auf dem Satz von der Gleichheit der trägen und schweren Masse. Würde dies Naturgesetz nicht bestehen, so würde der Mann im beschleunigten Kasten das Verhalten der Körper seiner Umgebung nicht durch die Voraussetzung eines Gravitationsfeldes deuten können, und er wäre auf *Grund* keiner Erfahrung berechtigt, seinen Bezugskörper als einen „ruhenden" vorauszusetzen.

Der Mann im Kasten befestigte an der Innenseite der Kastendecke ein Seil und an dessen freiem Ende einen Körper. Durch diesen wird bewirkt werden, daß das Seil in gespanntem Zustande „vertikal" herabhängt. Wir fragen nach der Ursache der Spannung des Seiles. Der Mann im Kasten wird sagen: „Der aufgehängte Körper erfährt in dem Schwerefeld eine Kraft nach unten, welcher durch die Seilspannung das Gleichgewicht gehalten wird; maßgebend für die Größe der Seilspannung ist die *schwere Masse* des aufgehängten Körpers." Andererseits wird aber ein Beurteiler, der frei im Raume schwebt, den Zustand so beurteilen: „Das Seil ist gezwungen, die beschleunigte Bewegung des Kastens mitzumachen und überträgt diese auf den daran befestigten Körper. Die Seilspannung ist so groß, daß sie die Beschleunigung des letzteren gerade zu bewirken vermag. Maßgebend für die Größe der Spannung im Seile ist die *träge Masse* des Körpers." Wir sehen aus diesem Beispiele, daß unsere Erweiterung des Relativitätsprinzips den Satz von der Gleichheit der trägen und schweren Masse als *notwendig* erscheinen läßt. Damit ist eine physikalische Interpretation dieses Satzes gewonnen.

Aus der Betrachtung des beschleunigten Kastens sieht man, daß eine allgemeine Relativitätstheorie wichtige Ergebnisse über die Gesetze der Gravitation liefern muß. Tatsächlich hat die konsequente Verfolgung des allgemeinen Relativitätsgedankens die Gesetze geliefert, denen das Gravitationsfeld genügt. Ich muß jedoch schon hier den Leser vor einem Mißverständnis warnen, das durch diese Überlegungen nahegelegt wird. Für den Mann im Kasten existiert ein Gravitationsfeld, trotzdem für das zuerst gewählte Koordinatensystem ein solches nicht vorhanden war. Man könnte nun leicht meinen, daß die Existenz eines Gravitationsfeldes stets eine nur *scheinbare* sei. Man könnte denken, daß, was auch immer für ein Gravitationsfeld vorhanden sein mag, man immer einen anderen Bezugskörper so wählen könne, daß in bezug auf ihn *kein* Gravitationsfeld existiert. Dies trifft aber keineswegs für alle Gravitationsfelder zu, sondern nur für solche von ganz speziellem Bau. So ist es beispielsweise unmöglich, einen Bezugskörper so zu wählen, daß von ihm aus beurteilt das Gravitationsfeld der Erde (in seiner ganzen Ausdehnung) verschwindet.

Wir bemerken jetzt, warum das gegen das allgemeine Relativitätsprinzip am Ende des § 18 vorgebrachte Argument nicht beweisend ist. Es ist wohl richtig, daß der im gebremsten Eisenbahnwagen befindliche Beobachter infolge der Bremsung einen Ruck nach vorn empfindet, und daß er daran die Ungleichförmigkeit der Bewegung des Wagens merkt. Aber niemand zwingt ihn, den Ruck auf eine „wirkliche" Beschleunigung des Wagens zurückzuführen. Er kann sein Erlebnis auch so interpretieren: „Mein Bezugskörper (der Wagen) bleibt dauernd in Ruhe. Es herrscht aber (während der Bremsungsperiode) in bezug auf denselben ein nach vorn gerichtetes, zeitlich veränderliches Schwerefeld. Unter dem Einfluß des letzteren bewegt sich der Bahndamm samt der Erde ungleichförmig derart, daß dessen ursprüngliche, nach rückwärts gerichtete Geschwindigkeit immer mehr abnimmt. Dies Schwerefeld ist es auch, welches den Ruck des Beobachters bewirkt."

§ 21 Inwiefern sind die Grundlagen der klassischen Mechanik und der speziellen Relativitätsheorie unbefriedigend?

Wie schon mehrfach erwähnt, geht die klassische Mechanik von dem Satze aus: Von anderen materiellen Punkten hinreichend entfernte materielle Punkte bewegen sich geradlinig gleichförmig oder verharren im Ruhezustande. Wir haben auch mehrfach hervorgehoben, daß das Grundgesetz nur gültig sein kann für Bezugskörper K von gewissen ausgezeichneten Bewegungszuständen, welche Bezugskörper relativ zueinander sich in gleichförmiger Translationsbewegung befinden. Relativ zu anderen Bezugskörpern K' gilt der Satz nicht. Sowohl in der klassischen Mechanik wie in der speziellen Relativitätstheorie unterscheidet man demgemäß zwischen Bezugskörpern K, relativ zu denen die Naturgesetze gültig sind, und zwischen Bezugskörpern K', relativ zu welchen die Naturgesetze nicht gelten.

Mit dieser Sachlage kann sich aber kein konsequent denkender Mensch zufrieden geben. Er fragt: „Wie ist es möglich, daß gewisse Bezugskörper (bzw. deren Bewegungszustände) vor anderen Bezugskörpern (bzw. deren Bewegungszuständen) ausgezeichnet sind? *Welches ist der Grund für diese Bevorzugung?*" Um deutlich zu zeigen, was ich mit dieser Frage meine, will ich mich eines Vergleichs bedienen.

Ich stehe vor einem Gasherde. Auf demselben stehen nebeneinander zwei Kochtöpfe, die einander zum Verwechseln ähnlich sind. Beide sind zur Hälfte mit Wasser gefüllt. Ich nehme wahr, daß aus dem einen unaufhörlich Dampf entweicht, aus dem anderen nicht. Hierüber wundere ich mich, auch wenn mir ein Gasherd und ein Kochtopf noch nie zu Gesicht gekommen sind. Nehme ich nun unter dem ersteren Kochtopfe ein bläulich leuchtendes Etwas wahr, unter dem letzteren nicht, so schwindet meine Verwunderung auch dann, wenn ich noch nie eine Gasflamme wahrgenommen habe. Denn ich kann nur sagen, daß dieses bläuliche Etwas das Entweichen des Dampfes verursachen wird, oder wenigstens *möglicherweise* verursacht. Nehme ich aber bei keinem Topfe das bläuliche Etwas wahr, und sehe ich, daß der eine unaufhörlich dampft, der andere nicht, so bin ich so lange verwundert und unbefriedigt, bis ich irgendeinen Umstand wahrgenommen habe, den ich für das verschiedene Verhalten beider Töpfe verantwortlich machen kann.

Analog suche ich in der klassischen Mechanik (bzw. in der speziellen Relativitätstheorie) vergeblich nach einem realen Etwas, auf das ich das verschiedene Verhalten der Körper gegenüber den Bezugssystemen K und K' zurückführen könnte[15]. Diesen Einwand sah schon Newton und suchte ihn vergeblich zu entkräften. Am klarsten hat ihn aber E. Mach erkannt und seinetwegen gefordert, daß die Mechanik auf eine neue Grundlage gestellt werden müsse. Dieser Einwand läßt sich nur durch eine Physik vermeiden, welche dem allgemeinen Relativitätsprinzip entspricht. Denn die Gleichungen einer solchen Theorie gelten für jeden Bezugskörper, in was für einem Bewegungszustande derselbe auch sein mag.

§ 22 Einige Schlüsse aus dem allgemeinen Relativitätsprinzip

Die Betrachtungen des § 20 zeigen, daß das allgemeine Relativitätsprinzip uns in den Stand setzt, auf rein theoretischem Wege Eigenschaften des Gravitationsfeldes abzuleiten. Es sei nämlich der raumzeitliche Verlauf irgendeines Naturvorganges bekannt, so wie er sich im Galileischen Gebiet relativ zu einem Galileischen Bezugskörper K abspielt. Dann kann man durch rein theoretische Operationen, d.h. durch bloße Rechnung, finden, wie sich dieser bekannte Naturvorgang von einem relativ zu K beschleunigten Bezugskörper K' aus ausnimmt. Da aber relativ zu diesem neuen Bezugskörper K' ein Gravitationsfeld existiert, so erfährt man bei der Betrachtung, wie das Gravitationsfeld den studierten Vorgang beeinflußt.

So erfahren wir beispielsweise, daß ein Körper, der gegenüber

15 Der Einwand ist besonders dann von Gewicht, wenn der Bewegungszustand des Bezugskörpers ein solcher ist, daß er zu seiner Aufrechterhaltung keiner äußeren Einwirkung bedarf, z.B. in dem Falle, daß der Bezugskörper gleichmäßig rotiert.

K eine geradlinig gleichförmige Bewegung ausführt (entsprechend dem GALILEIschen Satze), gegenüber dem beschleunigten Bezugskörper K' (Kasten) eine beschleunigte, im allgemeinen krummlinige Bewegung ausführt. Diese Beschleunigung bzw. Krümmung entspricht dem Einfluß des relativ zu K' herrschenden Gravitationsfeldes auf den bewegten Körper. Daß das Gravitationsfeld in dieser Weise die Bewegung der Körper beeinflußt, ist bekannt, so daß die Überlegung nichts prinzipiell Neues liefert.

Ein neues Ergebnis von fundamentaler Wichtigkeit erhält man aber, wenn man die entsprechende Überlegung für einen Lichtstrahl durchführt. Gegenüber dem GALILEIschen Bezugskörper K pflanzt sich dieser in gerader Linie mit der Geschwindigkeit c fort. In bezug auf den beschleunigten Kasten (Bezugskörper K') ist, wie leicht abzuleiten ist, die Bahn desselben Lichtstrahles keine Gerade mehr. Hieraus ist zu schließen, *daß sich Lichtstrahlen in Gravitationsfeldern im allgemeinen krummlinig fortpflanzen.* Dies Ergebnis ist in zweifacher Hinsicht von großer Wichtigkeit.

Erstens nämlich kann dasselbe mit der Wirklichkeit verglichen werden. Wenn eine eingehende Überlegung auch ergibt, daß die Krümmung der Lichtstrahlen, welche die allgemeine Relativitätstheorie liefert, für die uns in der Erfahrung zur Verfügung stehenden Gravitationsfelder nur äußerst gering ist, so soll sie für Lichtstrahlen, die in der Nähe der Sonne vorbeigehen, doch 1,7 Bogensekunden betragen. Dies müßte sich dadurch äußern, daß die in der Nähe der Sonne erscheinenden Fixsterne, welche bei totalen Sonnenfinsternissen der Beobachtung zugänglich sind, um diesen Betrag von der Sonne weggerückt erscheinen müssen gegenüber der Lage, die sie für uns am Himmel annehmen, wenn die Sonne an einer anderen Stelle am Himmel steht. Die Prüfung des Zutreffens oder Nichtzutreffens dieser Konsequenz ist eine Aufgabe von höchster Wichtigkeit, deren baldige Lösung wir von den Astronomen erhoffen dürfen[16].

16 Die Existenz der von der Theorie geforderten Lichtablenkung wurde bei der Sonnenfinsternis vom 30. Mai 1919 photographisch festgestellt durch zwei von der Royal Society ausgerüstete Expeditionen unter der Leitung der Astronomen EDDINGTON und CROMMELIN.

Zweitens aber zeigt diese Konsequenz, daß nach der allgemeinen Relativitätstheorie das schon oft erwähnte Gesetz von der Konstanz der Vakuumlichtgeschwindigkeit, das eine der beiden grundlegenden Annahmen der speziellen Relativitätstheorie bildet, keine unbegrenzte Gültigkeit beanspruchen kann. Eine Krümmung der Lichtstrahlen kann nämlich nur dann eintreten, wenn die Ausbreitungsgeschwindigkeit des Lichtes mit dem Orte variiert. Man könnte nun denken, daß durch diese Konsequenz die spezielle Relativitätstheorie, und mit ihr die Relativitätstheorie überhaupt, zu Fall gebracht würde. Dies trifft aber in Wahrheit nicht zu. Es läßt sich nur schließen, daß die spezielle Relativitätstheorie kein unbegrenztes Gültigkeitsgebiet beanspruchen kann; ihre Ergebnisse gelten nur insoweit, als man von den Einflüssen der Gravitationsfelder auf die Erscheinungen (z. B. des Lichtes) absehen kann.

Da die Gegner der Relativitätstheorie öfters behauptet haben, die spezielle Relativitätstheorie werde durch die allgemeine Relativitätstheorie über den Haufen geworfen, will ich den wirklichen Sachverhalt durch einen Vergleich deutlicher machen. Vor der Aufstellung der Elektrodynamik wurden die Gesetze der Elektrostatik für die Gesetze der Elektrizität schlechthin angesehen. Heute wissen wir, daß die Elektrostatik die elektrischen Felder nur in dem nie streng realisierten Falle richtig liefern kann, daß die elektrischen Massen relativ zueinander und zum Koordinatensystem exakt ruhen. Ist deshalb die Elektrostatik durch MAXWELLS Feldgleichungen der Elektrodynamik über den Haufen geworfen worden? Keineswegs! Die Elektrostatik ist als Grenzfall in der Elektrodynamik enthalten; die Gesetze der letzteren führen direkt auf die der ersteren in dem Falle, daß die Felder zeitlich unveränderlich sind. Es ist das schönste Los einer physikalischen Theorie, wenn sie selbst zur Aufstellung einer umfassenden Theorie den Weg weist, in welcher sie als Grenzfall weiterlebt.

Bei dem eben behandelten Beispiel der Lichtausbreitung haben wir gesehen, daß das allgemeine Relativitätsprinzip uns in den Stand setzt, den Einfluß des Gravitationsfeldes auf den Ablauf von Vorgängen auf theoretischem Wege abzuleiten, deren Gesetze für den Fall des Fehlens eines Gravitationsfeldes bereits bekannt sind. Die reizvollste Aufgabe, zu deren Lösung das allgemeine Relativitätsprinzip den Schlüssel liefert, betrifft aber die Ermittlung der Gesetze, denen das Gravitationsfeld selbst genügt. Der Sachverhalt ist hier folgender.

Wir kennen raum-zeitliche Gebiete, die sich bei passender Wahl des Bezugskörpers (annähernd) „galileisch" verhalten, d.h. Gebiete, in denen Gravitationsfelder fehlen. Beziehen wir nun ein solches Gebiet auf einen beliebig bewegten Bezugskörper K', so ist in bezug auf K' ein zeitlich und räumlich veränderliches Gravitationsfeld vorhanden[17]. Die Beschaffenheit des letzteren hängt natürlich davon ab, wie wir die Bewegung von K' wählen. Das allgemeine Gesetz des Gravitationsfeldes muß nach der allgemeinen Relativitätstheorie für alle so erhältlichen Gravitationsfelder erfüllt sein. Wenn nun auch keineswegs alle Gravitationsfelder auf diese Weise erzeugt werden können, so schöpft man doch Hoffnung, aus diesen Gravitationsfeldern spezieller Art das allgemeine Gesetz der Gravitation ableiten zu können. Diese Hoffnung ist aufs schönste in Erfüllung gegangen! Aber vom klaren Sehen dieses Zieles bis zum tatsächlichen Erreichen desselben bedurfte es noch der Überwindung einer ernstlichen Schwierigkeit, die ich dem Leser nicht vorenthalten darf, da sie tief im Wesen der Sache liegt. Es bedarf einer abermaligen Vertiefung der Begriffe von dem raum-zeitlichen Kontinuum.

§ 23 Verhalten von Uhren und Maßstäben auf einem rotierenden Bezugskörper

Ich habe bis jetzt absichtlich nicht gesprochen über die physikalische Interpretation von räumlichen und zeitlichen Angaben in dem Falle der allgemeinen Relativitätstheorie. Dadurch habe ich mich einer gewissen Unsauberkeit schuldig gemacht, von der wir aus der speziellen Relativitätstheorie wissen, daß sie keineswegs unwichtig und verzeihlich ist. Nun ist es hohe Zeit, daß wir diese Lücke ausfüllen; ich bemerke aber im voraus, daß diese Angelegenheit an die Geduld und das Abstraktionsvermögen des Lesers keine geringen Anforderungen stellt.

17 Dies folgt durch Verallgemeinerung der Betrachtung des § 20.

Wir gehen wieder von oft herangezogenen, ganz speziellen Fällen aus. Es liege ein raum-zeitliches Gebiet vor, in welchem relativ zu einem Bezugskörper K von passend gewähltem Bewegungszustande kein Gravitationsfeld existiere; in bezug auf das ins Auge gefaßte Gebiet ist dann K ein GALILEIscher Bezugskörper, und es gelten relativ zu K die Ergebnisse der speziellen Relativitätstheorie. Dasselbe Gebiet denken wir uns auf einem zweiten Bezugskörper K' bezogen, welcher relativ zu K gleichförmig rotiert. Um die Vorstellung zu fixieren, denken wir uns K' in Gestalt einer ebenen Kreisscheibe, welche um ihren Mittelpunkt in ihrer Ebene gleichmäßig rotiere. Ein exzentrisch auf der Kreisscheibe K' sitzender Beobachter empfindet eine Kraft, die in radialer Richtung nach außen wirkt, und welche von einem relativ zum ursprünglichen Bezugskörper K ruhenden Beobachter als Trägheitswirkung (Zentrifugalkraft) gedeutet wird. Der auf der Scheibe sitzende Beobachter möge jedoch seine Scheibe als „ruhenden" Bezugskörper auffassen; dazu ist er auf Grund des allgemeinen Relativitätsprinzips berechtigt. Die auf ihn und überhaupt auf relativ zur Scheibe ruhende Körper wirkende Kraft faßt er als Wirkung eines Gravitationsfeldes auf. Allerdings ist die räumliche Verteilung dieses Schwerefeldes eine solche, wie sie nach NEWTONS Theorie der Gravitation nicht möglich wäre[18]. Aber da der Beobachter an die allgemeine Relativität glaubt, stört ihn dies nicht; er hofft mit Recht, daß ein allgemeines Gravitationsgesetz sich aufstellen lasse, welches nicht nur die Bewegung der Gestirne, sondern auch das von ihm wahrgenommene Kraftfeld richtig erklärt.

Dieser Beobachter experimentiert auf seiner Kreisscheibe mit Uhren und Maßstäben, in der Absicht, auf Grund seiner Beobachtungen exakte Definitionen für die Bedeutung zeitlicher und räumlicher Angaben in bezug auf die Kreisscheibe K' zu erhalten. Was wird er dabei für Erfahrungen machen?

Der Beobachter stelle zunächst von zwei gleich beschaffenen Uhren die eine in dem Mittelpunkte der Kreisscheibe, die andere an

18 Das Feld verschwindet im Mittelpunkt der Scheibe und nimmt proportional dem Abstand von diesem nach außen hin zu.

der Peripherie derselben auf, so daß sie relativ zur Kreisscheibe ruhen. Wir fragen uns zunächst, ob diese beiden Uhren gleich schnell gehen vom Standpunkt des nicht rotierenden GALILEIschen Bezugskörpers *K*. Von diesem aus beurteilt, hat die Uhr im Mittelpunkt keine Geschwindigkeit, während die Uhr an der Peripherie infolge der Rotation relativ zu *K* in Bewegung ist. Nach einem Ergebnis des § 12 geht deshalb die letztere Uhr von *K* aus beurteilt dauernd langsamer als die Uhr in der Mitte der Kreisscheibe. Dasselbe müßte offenbar auch der Mann auf der Kreisscheibe konstatieren, den wir uns etwa als in der Mitte der Kreisscheibe neben der dortigen Uhr sitzend vorstellen wollen. Auf unserer Kreisscheibe und allgemeiner in jedem Gravitationsfelde wird also eine Uhr rascher oder langsamer laufen, je nach der Stelle, in welcher die Uhr (ruhend) angeordnet ist. Eine vernünftige Definition der Zeit mit Hilfe von relativ zum Bezugskörper ruhend angeordneten Uhren ist also nicht möglich. Eine ähnliche Schwierigkeit zeigt sich, wenn man versucht, unsere frühere Definition der Gleichzeitigkeit hier anzuwenden, worauf ich nicht weiter eingehen will.

Aber auch die Definition der räumlichen Koordinaten macht hier zunächst unüberwindliche Schwierigkeiten. Legt nämlich der mit der Scheibe bewegte Beobachter seinen Einheitsmaßstab (ein relativ zum Scheibenradius kleines Stäbchen) an der Scheibenperipherie tangential zu dieser an, so ist derselbe, vom GALILEIschen System aus beurteilt, kürzer als 1, weil bewegte Körper nach § 12 in Richtung der Bewegung eine Verkürzung erfahren. Legt er dagegen seinen Maßstab in die Richtung des Scheibenradius, so erfährt dieser, von *K* aus beurteilt, keine Verkürzung. Mißt der Beobachter also zuerst den Scheibenumfang, dann den Scheibendurchmesser mit seinem Maßstab und dividiert er hierauf diese beiden Meßergebnisse, so findet er als Quotienten nicht die bekannte Zahl $\pi = 3{,}14\ldots$, sondern eine größere Zahl[19], während sich auf einer relativ zu *K* ruhen-

19 Bei der ganzen Betrachtung hat man das GALILEIsche (nicht rotierende) System *K* als Koordinatenkörper zu verwenden, da nur relativ zu *K* die Gültigkeit der Ergebnisse der speziellen Relativitätstheorie angenommen werden darf (relativ zu K' herrscht ein Gravitationsfeld).

den Scheibe bei dieser Operation natürlich exakt π ergeben müßte. Damit ist bereits bewiesen, daß die Sätze der euklidischen Geometrie auf der rotierenden Scheibe und damit überhaupt in einem Gravitationsfelde nicht genau gelten können, wenigstens wenn man dem Stäbchen überall und in jeder Orientierung die Länge 1 zuschreibt. Auch der Begriff der geraden Linie verliert damit seine Bedeutung. Wir sind deshalb nicht in der Lage, relativ zur Scheibe die Koordinaten x, y, z nach der in der speziellen Relativitätstheorie benutzten Methode exakt zu definieren. Solange jedoch Koordinaten und Zeiten der Ereignisse nicht definiert sind, haben auch Naturgesetze, in welchen diese Koordinatenzeiten vorkommen, keine exakte Bedeutung.

Damit scheinen alle Überlegungen, welche wir bisher über allgemeine Relativität angestellt haben, in Frage gestellt zu sein. In der Tat bedarf es eines subtilen Umweges, um das Postulat der allgemeinen Relativität exakt anzuwenden. Auf diesen wird der Leser durch die folgenden Betrachtungen vorbereitet werden.

§ 24 Euklidisches und nicht-euklidisches Kontinuum

Die Oberfläche eines Marmortisches liegt vor mir. Ich kann von irgendeinem Punkte derselben aus zu irgendeinem anderen gelangen, indem ich eine (große) Anzahl von Malen immer zu einem „benachbarten“ Punkte übergehe, oder – anders gesagt – indem ich von Punkt zu Punkt gehe, ohne „Sprünge“ zu machen. Was hier unter „benachbart“ und unter „Sprüngen“ zu verstehen ist, empfindet der Leser gewiß mit genügender Schärfe (wenn er nicht gar zu anspruchsvoll ist). Dies drücken wir aus, indem wir sagen, die Oberfläche sei ein Kontinuum.

Wir denken uns nun eine große Zahl gegen die Abmessungen der Tischplatte kleiner Stäbchen hergestellt, die alle gleich lang seien. Darunter ist verstanden, daß die Enden je zweier davon zur Deckung gebracht werden können. Wir legen nun vier dieser Stäbchen auf der Tischplatte so aneinander, daß ihre Enden ein Viereck bilden, dessen Diagonalen gleich lang seien (Quadrat). Zur Erzielung der Diagonalengleichheit bedienen wir uns eines Probierstäbchens.

An dies Quadrat legen wir gleiche Quadrate an, welche mit ihm ein Stäbchen gemein haben, an diese letzteren Quadrate ebenfalls usw. Schließlich ist die ganze Tischplatte mit Quadraten belegt, derart, daß jede innere Quadratseite zu zwei Quadraten und jede innere Quadratecke zu vier Quadraten gehört.

Daß man dies Geschäft ausführen kann, ohne in die größten Schwierigkeiten zu geraten, ist ein wahres Wunder! Man braucht nur an folgendes zu denken. Stoßen an einer Ecke bereits drei Quadrate zusammen, so sind auch von dem vierten bereits zwei Seiten gelegt. Wie die beiden anderen Seiten desselben gelegt werden müssen, ist dadurch schon vollkommen bestimmt. Jetzt kann ich das Viereck aber nicht mehr zurechtrücken, damit seine Diagonalen gleich werden. Sind sie es von selbst schon, so ist dies eine besondere Gunst der Tischplatte und der Stäbchen, über die ich mich nur dankbar wundern kann! Anloger Wunder müssen wir viele erleben, wenn die Konstruktion gelingen soll.

Ist wirklich alles glatt vonstatten gegangen, so sage ich, daß die Punkte der Tischplatte ein euklidisches Kontinuum mit Bezug auf das benutzte Stäbchen als Strecke bilden. Hebe ich eine Quadratecke als „Anfangspunkt" hervor, so kann ich jede andere Quadratecke mit Bezug auf den Anfangspunkt durch zwei Zahlen charakterisieren. Ich brauche nur anzugeben, wie viele Stäbchen ich nach „rechts" und wie viele darauf nach „oben" ich vom Anfangspunkte zurücklegen muß, um zu der ins Auge gefaßten Quadratecke zu gelangen. Diese zwei Zahlen sind dann die „kartesischen Koordinaten" der letzteren mit Bezug auf das durch die gelegten Stäbchen bestimmte „kartesische Koordinatensystem".

Daß es auch Fälle geben muß, in denen das Experiment mißlingt, erkennen wir an folgender Modifikation des Gedankenexperiments. Die Stäbchen sollen sich nach Maßgabe der Temperatur „ausdehnen". Die Tischplatte werde in der Mitte erwärmt, am Rande aber nicht, wobei zwei unserer Stäbchen immer noch an jeder Stelle des Tisches zur Deckung gebracht werden können. Aber unsere Quadratkonstruktion muß dabei notwendig in Unordnung kommen, weil sich die Stäbchen der inneren Partie der Tischplatte ausdehnen, die der äußeren Partie aber nicht.

Mit Bezug auf unsere Stäbchen – als Einheitsstrecken definiert – ist die Tischplatte nun kein euklidisches Kontinuum mehr, und wir sind auch nicht mehr in der Lage, unmittelbar mit ihrer Hilfe kartesische Koordinaten zu definieren, da die obige Konstruktion sich nicht mehr durchführen läßt. Da es aber andere Dinge gibt, welche durch die Temperatur des Tisches nicht in analoger Weise wie die Stäbchen (oder überhaupt nicht) beeinflußt werden, gelingt es, in einer natürlichen Weise die Auffassung aufrecht zu erhalten, daß die Tischplatte ein „euklidisches Kontinuum" sei; es gelingt in befriedigender Weise durch eine subtilere Festsetzung über das Messen bzw. Vergleichen von Strecken.

Würden aber Stäbchen jeder Art, d.h. jeden Materials, sich *in gleicher Weise* temperaturempfindlich verhalten auf der verschieden temperierten Tischplatte, und hätten wir kein anderes Mittel, die Wirkung der Temperatur wahrzunehmen, als das geometrische Verhalten der Stäbchen bei Experimenten analog dem oben beschriebenen, so könnte es wohl zweckmäßig sein, zwei Punkten des Tisches die Entfernung 1 zuzuschreiben, wenn sich die Enden eines unserer Stäbchen mit ihnen zur Deckung bringen lassen; denn wie sollte man ohne die krasseste Willkür die Strecke anders definieren? Dann aber muß die kartesische Koordinatenmethode verlassen und durch eine andere ersetzt werden, welche die Gültigkeit der euklidischen Geometrie für starre Körper nicht voraussetzt[20]. Der Leser

20 Unser Problem ist den Mathematikern in folgender Form entgegengetreten. Ist im euklidischen, dreidimensionalen Meßraume eine Fläche, z.B. die Oberfläche eines Ellipsoids, gegeben, so gibt es auf dieser Fläche eine zweidimensionale Geometrie, ebensogut wie in der Ebene. GAUSS hat sich das Problem gestellt, diese zweidimensionale Geometrie prinzipiell zu behandeln, ohne zu benutzen, daß die Fläche einem euklidischen Kontinuum von drei Dimensionen angehört. Denkt man sich *in der Fläche* mit starren Stäbchen Konstruktionen ausgeführt (ähnlich wie vorhin auf der Tischplatte), so gelten für diese andere Gesetze als gemäß der euklidischen Geometrie der Ebene. Die Fläche ist in bezug auf die Stäbchen kein euklidisches Kontinuum, und es lassen sich *in der Fläche* keine kartesischen Koordinaten definieren. GAUSS zeigte, nach welchen Prinzipien man die geometrischen Verhältnisse in der Fläche behandeln kann, und wies damit den Weg zu der

bemerkt, daß die hier geschilderte Situation derjenigen entspricht, welche das allgemeine Relativitätspostulat mit sich gebracht hat (§ 23).

§ 25 GAUSSsche Koordinaten

Diese analytisch-geometrische Behandlungsweise läßt sich nach GAUSS folgendermaßen erzielen. Man denke sich auf die Tischplatte ein System von beliebigen Kurven (vgl. Abb. 3) aufgezeichnet, die wir als u-Kurven bezeichnen und die wir je mit einer Zahl bezeichnen. In der Zeichnung sind die Kurven $u = 1$, $u = 2$ und $u = 3$ gezeichnet. Zwischen den Kurven $u = 1$ und $u = 2$ sind aber noch unendlich viele eingezeichnet zu denken, welche allen reellen Zahlen entsprechen, die zwischen 1 und 2 liegen. Es liegt dann ein System von u-Kurven vor, welche unendlich dicht die ganze Tischplatte überdecken. Keine u-Kurve soll eine andere schneiden, sondern durch jeden Punkt der Tischplatte eine und nur eine Kurve hindurchgehen.

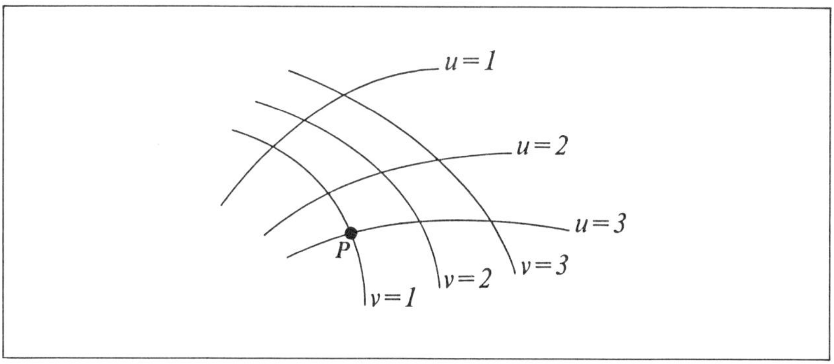

Abb. 3

RIEMANNschen Behandlung mehr-dimensionaler, nicht-euklidischer Kontinua. Daher kommt es, daß die Mathematiker die formalen Probleme bereits seit langem gelöst haben, zu denen das allgemeine Relativitätspostulat führt.

Zu jedem Punkte der Oberfläche der Tischplatte gehört dann ein ganz bestimmter u-Wert. Ebenso sei auf die Fläche ein System von v-Kurven gezeichnet, die denselben Bedingungen genügen, in entsprechender Weise mit Zahlen versehen sind, aber ebenfalls beliebig gestaltet sein können. Es gehört dann zu jedem Punkte der Tischplatte ein u-Wert und ein v-Wert, welche beiden Zahlen wir die Koordinaten der Tischplatte nennen (GAUSSsche Koordinaten). Der Punkt P der Abbildung hat beispielsweise die GAUSSschen Koordinaten $u = 3$; $v = 1$. Zwei benachbarten Punkten P und P' auf der Fläche entsprechen dann die Koordinaten

$$
\begin{aligned}
P &: u; v \\
P' &: u + du, \quad v + dv,
\end{aligned}
$$

wobei du und dv sehr kleine Zahlen bedeuten. Der mit einem Stäbchen gemessene Abstand von P und P' sei die ebenfalls sehr kleine Zahl ds. Dann ist nach GAUSS:

$$ds^2 = g_{11}\, du^2 + 2g_{12}\, du\, dv + g_{22}\, dv^2,$$

wobei g_{11}, g_{12}, g_{22} Größen sind, die in ganz bestimmter Weise von u und v abhängen. Die Größen g_{11}, g_{12} und g_{22} bestimmen das Verhalten der Stäbchen relativ zu den u-Kurven und v-Kurven, also auch relativ zur Oberfläche des Tisches. In dem Falle, daß die Punkte der betrachteten Oberfläche in bezug auf die Meßstäbchen ein euklidisches Kontinuum bilden, aber auch nur dann, ist es möglich, die u-Kurven und v-Kurven so zu zeichnen und mit Zahlen zu versehen, daß einfach

$$ds^2 = du^2 + dv^2$$

wird. Dann sind die u-Kurven und v-Kurven gerade Linien im Sinne der euklidischen Geometrie, welche aufeinander senkrecht stehen. Dann sind die GAUSSschen Koordinaten einfach kartesische. Man sieht, daß die GAUSSschen Koordinaten weiter nichts sind als eine Zuordnung je zweier Zahlen zu den Punkten der betrachteten Fläche, derart, daß räumlich benachbarten Punkten sehr wenig verschiedene Zahlenwerte zugeordnet sind.

Diese Betrachtungen gelten zunächst für ein Kontinuum von zwei Dimensionen. Aber die GAUSSsche Methode läßt sich auch auf ein Kontinuum von drei, vier oder mehr Dimensionen anwenden. Liegt z. B. ein Kontinuum von vier Dimensionen vor, so ergibt sich folgende Darstellung. Jedem Punkte des Kontinuums werden willkürlich vier Zahlen x_1, x_2, x_3, x_4 zugeordnet, welche „Koordinaten" genannt werden. Benachbarten Punkten entsprechen benachbarte Koordinatenwerte. Ist nun benachbarten Punkten P und P' ein durch Messungen ermittelbarer, physikalisch wohldefinierter Abstand ds zugeordnet, so gilt eine Formel:

$$ds^2 = g_{11}\,dx_1^2 + 2g_{12}\,dx_1\,dx_2 \ldots + g_{44}\,dx_4^2,$$

wobei die Größen g_{11} usw. Werte haben, die mit dem Orte im Kontinuum variieren. Nur in dem Falle, daß das Kontinuum ein euklidisches ist, ist es möglich, die Koordinaten $x_1 \ldots x_4$ den Punkten des Kontinuums so zuzuordnen, daß einfach

$$ds^2 = dx_1^2 + dx_2^2 + dx_3^2 + dx_4^2$$

wird. Dann gelten in dem vierdimensionalen Kontinuum Beziehungen, welche den in unseren dreidimensionalen Messungen geltenden analog sind.

Die angegebene GAUSSsche Darstellung für ds^2 ist übrigens nicht immer möglich, sondern nur dann, wenn genügend kleine Gebiete des betrachteten Kontinuums sich als euklidische Kontinua ansehen lassen. Dies trifft z. B. offenbar zu in dem Falle der Tischplatte und örtlich veränderlicher Temperatur. Denn für einen kleinen Teil der Platte ist die Temperatur praktisch konstant, das geometrische Verhalten der Stäbchen als *beinahe* ein solches, wie es gemäß den Regeln der euklidischen Geometrie sein soll. Die Unstimmigkeiten der Quadratkonstruktion des vorigen Paragraphen treten somit erst deutlich zutage, wenn die Konstruktion des vorigen Paragraphen über einen beträchtlichen Teil der Tischplatte ausgedehnt wird.

Zusammenfassend können wir also sagen: GAUSS hat eine Methode zur mathematischen Behandlung beliebiger Kontinua erfunden, in denen Maßbeziehungen („Abstand" benachbarter Punkte) definiert sind. Jedem Punkte des Kontinuums werden so viel Zahlen (GAUSSsche Koordinaten) zugeordnet, als das Kontinuum Dimensionen hat. Die Zuordnung erfolgt so, daß die Eindeutigkeit der Zuordnung gewahrt wird, und daß benachbarten Punkten unendlich wenig verschiedene Zahlen (GAUSSsche Koordinaten) zugeordnet werden. Das GAUSSsche Koordinatensystem ist eine logische Verallgemeinerung des kartesischen Koordinatensystems. Es ist auch auf nicht-euklidische Kontinua anwendbar, allerdings nur dann, wenn kleine Teile des betrachteten Kontinuums mit Bezug auf das definierte Maß („Abstand“) sich mit desto größerer Annäherung euklidisch verhalten, je kleiner der ins Auge gefaßte Teil des Kontinuums ist.

§ 26 Das raum-zeitliche Kontinuum der speziellen Relativitätstheorie als euklidisches Kontinuum

Wir sind nun in der Lage, den in § 17 nur lose angedeuteten Gedanken MINKOWSKIS etwas genauer zu formulieren. Gemäß der speziellen Relativitätstheorie sind für die Beschreibung des raumzeitlichen, vierdimensionalen Kontinuums gewisse Koordinatensysteme bevorzugt, die wir „GALILEIsche Koordinatensysteme“ genannt haben. Für sie sind die vier Koordinaten x, y, z, t, welche ein Ereignis oder – anders ausgedrückt – einen Punkt des vierdimensionalen Kontinuums bestimmen, in einfacher Weise physikalisch definiert, wie im ersten Teile dieses Büchleins ausführlich dargelegt ist. Für den Übergang von einem GALILEIschen System zu einem anderen, relativ zum ersten gleichförmig bewegten gelten die Gleichungen der LORENTZ-Transformation, welche die Basis für die Ableitung der Konsequenzen der speziellen Relativitätstheorie bilden und ihrerseits weiter nichts sind als der Ausdruck der universellen Gültigkeit des Lichtausbreitungsgesetzes für alle GALILEIschen Bezugssysteme.

MINKOWSKI fand, daß die LORENTZ-Transformationen folgenden einfachen Bedingungen genügen. Es seien zwei benachbarte Ereignisse betrachtet, deren gegenseitige Lage im vierdimensionalen

Kontinuum durch die räumlichen Koordinatendifferenzen dx, dy, dz und die zeitliche Differenz dt bezüglich eines GALILEIschen Bezugskörpers K gegeben sei. Bezüglich eines zweiten GALILEIschen Systems seien die analogen Differenzen für diese beiden Ereignisse dx', dy', dz', dt'. Dann gilt zwischen ihnen stets die Bedingung[21]:

$$dx^2 + dy^2 + dz^2 - c^2\,dt^2 = dx'^2 + dy'^2 + dz'^2 - c^2\,dt'^2.$$

Diese Bedingung hat die Gültigkeit der LORENTZ-Transformation zur Konsequenz. Wir können das so aussprechen: Die zu zwei benachbarten Punkten des vierdimensionalen raum-zeitlichen Kontinuums gehörige Größe

$$ds^2 = dx^2 + dy^2 + dz^2 - c^2dt^2$$

hat für alle bevorzugten (GALILEIschen) Bezugskörper denselben Wert. Ersetzt man x, y, z, $\sqrt{-1}\,c\,t$ durch x_1, x_2, x_3, x_4, so erhält man auch das Resultat, daß

$$ds^2 = dx_1^2 + dx_2^2 + dx_3^2 + dx_4^2$$

von der Wahl des Bezugskörpers unabhängig ist. Die Größe ds nennen wir den „Abstand" der beiden Ereignisse oder vierdimensionalen Punkte.

Wählt man also die imaginäre Variable $\sqrt{-1}\,ct$ statt des reellen t als Zeitvariable, so kann man das raum-zeitliche Kontinuum gemäß der speziellen Relativitätstheorie als ein „euklidisches" vierdimensionales Kontinuum auffassen, wie aus den Darlegungen des letzten Paragraphen hervorgeht.

§ 27 Das raum-zeitliche Kontinuum der allgemeinen Relativitätstheorie ist kein euklidisches Kontinuum

Im ersten Teil dieses Schriftchens haben wir uns raum-zeitlicher Koordinaten bedienen können, welche eine einfache, direkte physi-

21 Vgl. Anhang. Die dort für die Koordinaten selbst abgeleiteten Relationen (11a) und (12) gelten auch für Koordinaten-*Differenzen*, also auch für Koordinatendifferentiale (unendlich kleine Differenzen).

kalische Interpretation zuließen und welche sich nach § 26 als vierdimensionale kartesische Koordinaten deuten lassen. Dies war möglich auf Grund des Gesetzes von der Konstanz der Lichtgeschwindigkeit, an welchem aber nach § 21 die allgemeine Relativitätstheorie nicht festhalten kann; wir kamen vielmehr zu dem Ergebnis, daß gemäß letzterer Theorie die Lichtgeschwindigkeit stets von den Koordinaten abhängen muß, falls ein Gravitationsfeld vorhanden ist. Wir fanden ferner in § 23 an einem speziellen Beispiel, daß das Vorhandensein eines Gravitationsfeldes jene Definition der Koordinaten und der Zeit unmöglich macht, welche bei der speziellen Relativitätstheorie zum Ziele geführt hat.

Mit Rücksicht auf diese Überlegungsergebnisse kommen wir zu der Überzeugung, daß gemäß dem allgemeinen Relativitätsprinzip das raum-zeitliche Kontinuum nicht als ein euklidisches aufgefaßt werden kann, sondern daß hier der allgemeine Fall vorliegt, welchen wir für das zweidimensionale Kontinuum der Tischplatte von örtlich variabler Temperatur kennengelernt haben. Wie es dort unmöglich war, aus gleichen Stäbchen ein kartesisches Koordinatensystem zu konstruieren, so ist es hier unmöglich, aus starren Körpern und Uhren ein System (Bezugskörper) aufzubauen, derart, daß relativ zueinander fest angeordnete Maßstäbe und Uhren direkt Ort und Zeit anzeigen. Dies ist das Wesen der Schwierigkeit, die uns in § 23 entgegentrat.

Die Darlegungen des § 25 und § 26 zeigen aber den Weg, auf dem diese Schwierigkeit zu überwinden ist. Wir beziehen das vierdimensionale raum-zeitliche Kontinuum in willkürlicher Weise auf Gaussche Koordinaten. Jedem Punkte des Kontinuums (Ereignis) ordnen wir vier Zahlen x_1, x_2, x_3, x_4 (Koordinaten) zu, die gar keine unmittelbare physikalische Bedeutung besitzen, sondern nur dazu dienen, die Punkte des Kontinuums in bestimmter, aber willkürlicher Weise zu numerieren. Diese Zuordnung braucht nicht einmal eine derartige zu sein, daß man x_1, x_2, x_3 als „räumliche" Koordinaten, x_4 als „zeitliche" Koordinaten auffassen müßte.

Der Leser könnte denken, daß eine derartige Beschreibung der Welt gänzlich unzulänglich wäre. Was bedeutet es, wenn ich einem Ereignis die bestimmten Koordinaten x_1, x_2, x_3, x_4 zuschreibe, wenn diese Koordinaten selbst nichts bedeuten? Bei genauerer Überlegung zeigt sich jedoch, daß diese Sorge nicht begründet ist. Betrachten wir z. B. einen beliebig bewegten materiellen Punkt! Hätte derselbe nur eine momentane Existenz ohne Dauer, so wäre er raumzeitlich beschrieben durch ein einziges Wertsystem x_1, x_2, x_3, x_4. Seine bleibende Existenz ist also durch eine unendlich große Zahl von solchen Wertsystemen charakterisiert, deren Koordinatenwerte sich stetig aneinanderreihen; dem Massenpunkte entspricht also eine (eindimensionale) Linie im vierdimensionalen Kontinuum. Vielen bewegten Punkten entsprechen ebensowohl derartige Linien in unserem Kontinuum. Die einzigen diese Punkte betreffenden Aussagen, welche physikalische Realität beanspruchen können, sind in Wahrheit die Aussagen über Begegnungen dieser Punkte. Eine solche Begegnung äußert sich in unserer mathematischen Darstellung darin, daß die beiden Linien, welche die betreffenden Punktbewegungen darstellen, ein gewisses System x_1, x_2, x_3, x_4 von Koordinatenwerten gemeinsam haben. Daß solche Begegnungen in Wahrheit die einzigen tatsächlichen Konstatierungen zeit-räumlichen Charakters sind, die wir in physikalischen Aussagen antreffen, wird der Leser nach eingehender Überlegung ohne Zweifel zugeben.

Wenn wir früher die Bewegung eines materiellen Punktes relativ zu einem Bezugskörper beschrieben, gaben wir nichts weiter an, als die Begegnungen dieses Punktes mit bestimmten Punkten des Bezugskörpers. Auch die zugehörigen Zeitangaben lassen sich auflösen in die Konstatierung von Begegnungen des Körpers mit Uhren, in Verbindung mit Konstatierung der Begegnung von Uhrzeigern mit bestimmten Punkten von Zifferblättern. Nicht anders ist es mit den räumlichen Messungen durch Maßstäbe, wie einiges Nachdenken zeigt.

Allgemein gilt: Jede physikalische Beschreibung löst sich auf in eine Zahl von Aussagen, deren jede sich auf die raum-zeitliche Koinzidenz zweier Ereignisse *A* und *B* bezieht. Jede solche Aussage drückt sich in Gaussschen Koordinaten durch die Übereinstimmung der vier Koordinaten x_1, x_2, x_3, x_4 aus. Die Beschreibung des zeiträumlichen Kontinuums durch Gausssche Koordinaten ersetzt also tatsächlich die Beschreibung mit Hilfe eines Bezugskörpers vollständig, ohne an den Mängeln der letzteren Beschreibungsmethode zu kranken; sie ist nicht an den euklidischen Charakter des darzustellenden Kontinuums gebunden.

§ 28 Exakte Formulierung des allgemeinen Relativitätsprinzips

Nun sind wir in der Lage, die in § 18 gegebene vorläufige Formulierung des allgemeinen Relativitätsprinzips durch eine exakte zu ersetzen. Die damalige Fassung, „Alle Bezugskörper K, K' usw. sind für die Naturbeschreibung (Formulierung der allgemeinen Naturgesetze) gleichwertig, welches auch deren Bewegungszustand sein mag", läßt sich nicht aufrecht erhalten, weil die Benutzung von starren Bezugskörpern bei der raum-zeitlichen Beschreibung im Sinne der bei der speziellen Relativitätstheorie befolgten Methode im allgemeinen nicht möglich ist. An die Stelle des Bezugskörpers hat das Gaussche Koordinatensystem zu treten. Dem Grundgedanken des allgemeinen Relativitätsprinzips entspricht die Aussage: „*Alle Gaussschen Koordinatensysteme sind für die Formulierung der allgemeinen Naturgesetze prinzipiell gleichwertig.*"

Man kann dies allgemeine Relativitätsprinzip auch noch in einer anderen Form aussprechen, die dasselbe noch deutlicher als die naturgemäße Erweiterung des speziellen Relativitätsprinzips erkennen läßt. Nach der speziellen Relativitätstheorie gehen die die allgemeinen Naturgesetze ausdrückenden Gleichungen in Gleichungen derselben Form über, wenn man statt der Raum-Zeit-Variablen x, y, z, t eines (Galileischen) Bezugskörpers K unter Benutzung der Lorentz-Transformation die Raum-Zeit-Variablen x', y', z', t' eines neuen Bezugskörpers K' einführt. Nach der allgemeinen Relativitätstheorie dagegen müssen die Gleichungen bei Anwendung *beliebiger Substitutionen der* Gaussschen Variablen x_1, x_2, x_3, x_4 in Gleichungen derselben Form übergehen; denn jede Transformation (nicht nur die Lorentz-Transformation) entspricht dem Übergang eines Gaussschen Koordinatensystems in ein anderes.

Will man auf die gewohnte dreidimensionale Anschauung nicht verzichten, so kann man die Entwicklung, welche wir den Grundgedanken der allgemeinen Relativitätstheorie durchmachen sehen, wie folgt charakterisieren: Die spezielle Relativitätstheorie bezieht sich auf GALILEIsche Gebiete, d.h. auf solche, in welchen kein Gravitationsfeld existiert. Als Bezugskörper dient dabei ein GALILEIscher Bezugskörper, d.h. ein starrer Körper von so gewähltem Bewegungszustande, daß relativ zu ihm der GALILEIsche Satz von der gleichförmig-geradlinigen Bewegung „isolierter" materieller Punkte gilt.

Gewisse Überlegungen legen es nahe, dieselben GALILEIschen Gebiete auch auf nicht-GALILEIsche Bezugskörper zu beziehen. Relativ zu diesen ist dann ein Gravitationsfeld von spezieller Art vorhanden (§ 20 und § 23).

Starre Körper mit euklidischen Eigenschaften gibt es aber in Gravitationsfeldern nicht; die Fiktion des starren Bezugskörpers versagt daher in der allgemeinen Relativitätstheorie. Auch wird der Gang der Uhren von Gravitationsfeldern beeinflußt, derart, daß eine physikalische Zeitdefinition direkt mit Hilfe von Uhren durchaus nicht jenen Grad der Evidenz hat wie in der speziellen Relativitätstheorie.

Man benutzt daher nichtstarre Bezugskörper, welche nicht nur als Ganzes beliebig bewegt sind, sondern auch während ihrer Bewegung beliebige Gestaltsänderungen erleiden. Zur Definition der Zeit dienen Uhren von beliebigem, noch so unregelmäßigem Ganggesetz, welche man sich je an einem Punkte des nichtstarren Bezugskörpers befestigt zu denken hat, und welche nur die eine Bedingung erfüllen, daß die gleichzeitig wahrnehmbaren Angaben örtlich benachbarter Uhren unendlich wenig voneinander abweichen. Dieser nichtstarre Bezugskörper, den man nicht mit Unrecht als „Bezugsmolluske" bezeichnen könnte, ist im wesentlichen gleichwertig mit einem beliebigen GAUSSschen vierdimensionalen Koordinatensystem. Was der „Molluske" gegenüber dem GAUSSschen Koordinatensystem eine gewisse Anschaulichkeit gibt, ist die (eigentlich unberechtigte) formale Wahrung der Sonderexistenz der räumlichen Koordinaten gegenüber der Zeitkoordinate. Jeder Punkt der Molluske wird als Raumpunkt behandelt, jeder relativ zu ihm ruhende materielle Punkt schlechthin als ruhend, solange die Molluske als Bezugskörper behandelt wird. Das allgemeine Relativitätsprinzip fordert, daß alle diese Mollusken mit gleichem Rechte und gleichem Erfolge bei der Formulierung der allgemeinen Naturgesetze als Bezugskörper verwendet werden können; die Gesetze sollen von der Molluskenwahl gänzlich unabhängig sein.

In der weitgehenden Beschränkung, welche hierdurch den Naturgesetzen auferlegt wird, liegt die Spürkraft, die dem allgemeinen Relativitätsprinzip innewohnt.

§ 29 Die Lösung des Gravitationsproblems auf Grund des allgemeinen Relativitätsprinzips

Ist der Leser allen bisherigen Überlegungen gefolgt, so bereitet ihm das Verstehen der zur Lösung des Gravitationsproblems führenden Methoden keine Schwierigkeiten mehr.

Wir gehen aus von der Betrachtung eines GALILEIschen Gebietes, d.h. eines solchen, in welchem relativ zum GALILEIschen Bezugskörper K kein Gravitationsfeld existiert. Das Verhalten von Maßstäben und Uhren in bezug auf K ist aus der speziellen Relativitätstheorie bekannt, ebenso das Verhalten von „isolierten" Massepunkten; letztere bewegen sich geradlinig und gleichförmig.

Nun beziehen wir dies Gebiet auf ein beliebiges GAUSSsches Koordinatensystem bzw. auf eine „Molluske" als Bezugskörper K'. In bezug auf K' besteht dann ein Gravitationsfeld G (besonderer Art). Durch bloße Umrechnung erfährt man dann das Verhalten von Maßstäben und Uhren sowie von frei beweglichen materiellen Punkten in bezug auf K'. Dies Verhalten interpretiert man als das Verhalten von Maßstäben, Uhren, materiellen Punkten unter der Wirkung des Gravitationsfeldes G. Man führt hierauf die Hypothese ein, daß die Einwirkung des Gravitationsfeldes auf Maßstäbe, Uhren und frei bewegliche, materielle Punkte auch dann nach denselben Gesetzen vor sich gehe, wenn sich das herrschende Gravitationsfeld *nicht* durch bloße Koordinatentransformation aus dem GALILEIschen Spezialfall ableiten läßt.

Hierauf untersucht man das raum-zeitliche Verhalten des aus dem GALILEIschen Spezialfall durch bloße Transformation der Koordinaten abgeleiteten Gravitationsfeldes *G* und formuliert dies Verhalten durch ein Gesetz, das immer gültig ist, wie auch der zur Beschreibung benutzte Bezugskörper (Molluske) gewählt werden mag.

Dies Gesetz ist noch nicht das *allgemeine* Gesetz des Gravitationsfeldes, da das studierte Gravitationsfeld *G* von spezieller Art ist. Zur Auffindung des allgemeinen Feldgesetzes der Gravitation bedarf es noch einer Verallgemeinerung des so gewonnenen Gesetzes, welche jedoch ohne Willkür aufgefunden werden kann, unter Berücksichtigung der folgenden Forderungen:

a) Die gesuchte Verallgemeinerung muß ebenfalls dem allgemeinen Relativitätspostulat genügen.
b) Ist Materie in dem betrachteten Gebiet vorhanden, so ist für deren felderregende Wirkung allein deren träge Masse, also gemäß § 15 allein deren Energie maßgebend.
c) Gravitationsfeld und Materie zusammen müssen dem Gesetz von der Erhaltung der Energie (und des Impulses) genügen.

Endlich erlaubt uns das allgemeine Relativitätsprinzip, den Einfluß des Gravitationsfeldes auf den Ablauf aller derjenigen Vorgänge zu ermitteln, die für den Fall des Fehlens eines Gravitationsfeldes nach bekannten Gesetzen ablaufen, d.h. in den Rahmen der speziellen Relativitätstheorie bereits eingefügt sind. Man verfährt dabei im Prinzip nach der Methode, die vorhin für Maßstäbe, Uhren und frei bewegliche Massenpunkte auseinandergesetzt worden ist.

Die so aus dem allgemeinen Relativitätspostulat abgeleitete Gravitationstheorie zeichnet sich nicht nur durch ihre Schönheit aus, sie beseitigt nicht nur den in § 21 beleuchteten Mangel, welcher der klassischen Mechanik anhaftet, sie interpretiert nicht nur das Erfahrungsgesetz von der Gleichheit der trägen und schweren Masse, sondern sie hat auch schon zwei wesensverschiedene Beobachtungsergebnisse der Astronomie erklärt, denen gegenüber die klassische Mechanik versagt. Das zweite dieser Ergebnisse, nämlich die Krümmung der Lichtstrahlen durch das Gravitationsfeld der Sonne, haben wir schon erwähnt; das erste betrifft die Bahn des Planeten Merkur.

Spezialisiert man nämlich die Gleichungen der allgemeinen Relativitätstheorie auf den Fall, daß die Gravitationsfelder als schwach anzusehen sind, und daß alle Massen sich mit Geschwindigkeiten gegen das Koordinatensystem bewegen, welche gegen die Lichtgeschwindigkeit klein sind, so erhält man zunächst die NEWTONsche Theorie als erste Näherung; letztere ergibt sich also hier ohne besondere Annahme, während NEWTON die dem Quadrat der Distanz aufeinander wirkender Massenpunkte indirekt proportionale Anziehungskraft als Hypothese einführen mußte. Vergrößert man die Genauigkeit der Rechnung, so treten Abweichungen von der NEWTONschen Theorie auf, die sich allerdings wegen ihrer Kleinheit fast alle noch der Beobachtung entziehen müssen.

Eine dieser Abweichungen müssen wir hier speziell ins Auge fassen. Nach der NEWTONschen Theorie bewegt sich ein Planet um die Sonne in einer Ellipse, welche gegenüber den Fixsternen ihre Lage ewig beibehalten würde, wenn von der Einwirkung der anderen Planeten auf den betrachteten Planeten und von der Eigenbewegung der Fixsterne abgesehen werden könnte. Abgesehen von diesen beiden Einflüssen sollte die Bahn des Planeten eine gegen die Fixsterne feste Ellipse sein, wenn NEWTONS Theorie genau richtig ist. Bei allen Planeten, bis auf den der Sonne nächsten Planeten Merkur, hat sich diese mit eminenter Genauigkeit prüfbare Konsequenz mit der Genauigkeit bestätigt, welche die heute erreichbare Beobachtungsschärfe zu erzielen gestattet. Vom Planeten Merkur aber wissen wir seit LEVERRIER, daß die Ellipse seiner im obigen Sinne korrigierten Bahn gegenüber den Fixsternen nicht feststeht, sondern, wenn auch ungeheuer langsam, in der Ebene der Bahn im Sinne der Umlaufbewegung rotiert. Für diese Rotationsbewegung der Bahnellipse ergab sich ein Betrag von 43 Bogen-Sekunden pro Jahrhundert, welcher Betrag bis auf wenige Bogen-Sekunden sichergestellt ist. Die Erklärung dieser Erscheinung nach der klassischen Mechanik gelingt nur unter Zugrundelegung von ausschließlich ihrethalben ersonnenen, wenig wahrscheinlichen Hypothesen.

Nach der allgemeinen Relativitätstheorie ergibt sich, daß jede Planetenellipse um die Sonne in der oben angegebenen Weise notwendig rotieren muß, daß diese Rotation bei allen Planeten außer

Merkur zu klein ist, um bei der heute erzielbaren Beobachtungsgenauigkeit festgestellt zu werden, daß sie aber bei Merkur 43 Bogen-Sekunden pro Jahrhundert betragen muß, genau wie es die Beobachtung ergeben hatte.

Außerdem hat aus der Theorie bisher nur noch eine Konsequenz gezogen werden können, die einer Prüfung durch die Beobachtung zugänglich ist, nämlich eine Spektralverschiebung des von großen Sternen zu uns gesandten Lichtes gegenüber dem auf der Erde in entsprechender Weise (d.h. durch dieselbe Molekülart) erzeugten Lichte. Ich zweifle nicht daran, daß auch diese Konsequenz der Theorie bald ihre Bestätigung finden wird.

Betrachtungen über die Welt als Ganzes

§ 30 Kosmologische Schwierigkeiten der NEWTONschen Theorie

Außer der im § 21 dargelegten Schwierigkeit haftet der klassischen Himmelsmechanik noch eine zweite prinzipielle Schwierigkeit an, welche meines Wissens zuerst von dem Astronomen SEELIGER ausführlich diskutiert wurde. Wenn man sich die Frage überlegt, wie die Welt als Ganzes etwa zu denken sei, so ist die nächstliegende Antwort wohl diese. Die Welt ist räumlich (und zeitlich) unendlich. Allenthalben gibt es Sterne, so daß die Dichte der Materie zwar im einzelnen sehr verschieden, aber im großen Durchschnitt überall dieselbe ist. Anders ausgedrückt: Wie weit man auch durch den Weltraum reisen mag, überall findet sich ein loses Gewimmel von Fixsternen von etwa der gleichen Art und gleichen Dichte.

Diese Auffassung ist mit der NEWTONschen Theorie unvereinbar. Letztere verlangt vielmehr, daß die Welt eine Art Mitte habe, in welcher die Dichte der Sterne eine maximale ist, und daß die Sterndichte von dieser Mitte nach außen abnehme, um weit außen einer unendlichen Leere Platz zu machen. Die Sternenwelt müßte eine endliche Insel im unendlichen Ozean des Raumes bilden[22].

Diese Vorstellung ist an sich wenig befriedigend. Sie ist es um so weniger, als man so zu der Konsequenz kommt, daß unausgesetzt das von den Sternen ausgesandte Licht sowie einzelne Sterne des Sternsystems nach dem Unendlichen fortwandern, ohne jemals wiederzukehren und ohne je wieder mit anderen Naturobjekten in Wechselwirkung zu kommen. Die Welt der im Endlichen zusammengeballten Materie müßte so allmählich systematisch verarmen.

Um diesen Konsequenzen zu entgehen, hat SEELIGER das NEWTONsche Gesetz dahin modifiziert, daß er die Anziehung zweier Massen bei großen Distanzen stärker als nach dem Gesetz $1/r^2$ abnehmen läßt. Dadurch wird erzielt, daß die mittlere Dichte der Materie allenthalben bis ins Unendliche konstant sein kann, ohne daß unendlich große Gravitationsfelder entstehen. Man kommt so von der unsympathischen Vorstellung los, daß die materielle Welt eine Art Mittelpunkt besitzen müsse. Freilich erkauft man diese Befreiung aus den geschilderten prinzipiellen Nöten durch eine weder aus der Erfahrung noch theoretisch begründbare Modifikation und Komplizierung des NEWTONschen Gesetzes. Beliebig viele denkbare Gesetze leisten das gleiche, ohne daß man einen Grund dafür angeben könnte, daß eines von ihnen vor den anderen zu bevorzugen wäre; denn so wenig wie das NEWTONsche Gesetz ist eines jener Gesetze in allgemeineren theoretischen Prinzipien begründet.

22 *Begründung.* Nach der NEWTONschen Theorie enden in einer Masse m eine Anzahl „Kraftlinien", welche aus dem Unendlichen kommen, und deren Zahl der Masse m proportional ist. Ist die Dichte ρ_0 der Masse in der Welt im Mittel konstant, so umschließt eine Kugel vom Volumen V im Durchschnitt die Masse $\rho_0 V$. Die Zahl der durch die Oberfläche F ins Innere der Kugel eintretenden Kraftlinien ist also proportional $\rho_0 V$. Durch die Oberflächeneinheit der Kugel treten also Kraftlinien ein, deren Zahl $\rho_0 V/F$ oder $\rho_0 R$ proportional ist. Die Feldstärke an der Oberfläche würde also mit wachsendem Kugelradius R ins Unendliche wachsen, was unmöglich ist.

§ 31 Die Möglichkeit einer endlichen und doch nicht begrenzten Welt

Die Spekulationen über den Bau der Welt bewegten sich aber auch noch nach einer ganz anderen Richtung. Die Entwicklung der nicht-euklidischen Geometrie führte nämlich zu der Erkenntnis, daß man an der *Unendlichkeit* unseres Raumes zweifeln kann, ohne mit den Denkgesetzen oder mit der Erfahrung in Kollision zu geraten (RIEMANN, HELMHOLTZ). Diese Dinge sind von HELMHOLTZ und POINCARÉ bereits mit unübertrefflicher Durchsichtigkeit ausführlich klargestellt worden, während ich sie hier nur kurz berühren kann.

Wir denken uns zunächst ein zweidimensionales Geschehen. Flache Geschöpfe mit flachen Werkzeugen, insbesondere flachen starren Meßstäbchen seien in einer *Ebene* frei beweglich. Außerhalb dieser Ebene existiere für sie nichts, sondern es sei das Geschehen in ihrer Ebene, welches sie an sich selbst und ihren flachen Dingen beobachten, ein kausal geschlossenes. Insbesondere sind die Konstruktionen der ebenen euklidischen Geometrie mit den Stäbchen realisierbar, z.B. die in § 24 betrachtete Netzkonstruktion auf der Tischplatte. Die Welt dieser Wesen ist im Gegensatz zu der unsrigen räumlich zweidimensional, aber wie unsere Welt unendlich ausgedehnt. Unendlich viele gleiche Stäbchenquadrate haben auf ihr Platz, d.h. ihr Volumen (Fläche) ist unendlich. Es hat einen Sinn, wenn diese Wesen sagen, ihre Welt sei „eben", nämlich den Sinn, daß sich mit ihren Stäbchen die Konstruktionen der euklidischen Geometrie der Ebene ausführen lassen, wobei das einzelne Stäbchen unabhängig von seiner Lage stets dieselbe Strecke repräsentiert.

Wir denken uns nun abermals ein zweidimensionales Geschehen, aber nicht auf einer Ebene, sondern auf einer Kugelfläche. Die flachen Geschöpfe mit ihren Maßstäben und sonstigen Gegenständen liegen genau in dieser Fläche und können dieselbe nicht verlassen; ihre ganze Wahrnehmungswelt erstrecke sich vielmehr ausschließlich auf die Kugeloberfläche. Können diese Geschöpfe die Geometrie ihrer Welt als zweidimensional euklidische Geometrie und dabei ihre Stäbchen als die Realisierung der „Strecke" betrachten? Das können sie nicht. Denn bei dem Versuch, eine Gerade zu realisieren, werden sie eine Kurve erhalten, welche wir „Dreidimensionale“ als größten Kreis bezeichnen, also eine in sich geschlossene Linie von bestimmter endlicher Länge, die sich mit einem Stäbchen ausmessen läßt. Ebenso hat diese Welt eine endliche Fläche, die sich mit der eines Stäbchenquadrates vergleichen läßt. Der große Reiz, den die Versenkung in diese Überlegung bereitet, liegt in der Erkenntnis: *Die Welt dieser Wesen ist endlich und hat doch keine Grenzen.*

Aber die Kugelgeschöpfe brauchen keine Weltreise zu machen, um zu bemerken, daß sie in keiner euklidischen Welt wohnen. Auf jedem Stück ihrer Welt, das nicht allzu klein ist, können sie sich davon überzeugen. Sie ziehen von einem Punkt nach allen Richtungen „gerade Strecken“ (dreidimensional beurteilt, Kreisbögen) von gleicher Länge. Die Verbindung der freien Enden dieser Strecken werden sie als „Kreis“ bezeichnen. Das Verhältnis des mit einem Stäbchen gemessenen Kreisumfanges zu den mit demselben Stäbchen gemessenen Durchmesser des Radius ist nach der euklidischen Geometrie in der Ebene gleich einer Konstanten π, welche unabhängig ist vom Durchmesser des Kreises. Unsere Geschöpfe würden für dies Verhältnis auf ihrer Kugelfläche den Wert

$$\pi \frac{\sin\left(\frac{r}{R}\right)}{\left(\frac{r}{R}\right)}$$

finden, d.h. einen Wert, der kleiner ist als π, und zwar um so erheblicher, je größer der Radius des Kreises im Vergleich zum Radius R der „Kugelwert“ ist. Aus dieser Beziehung können die Kugelgeschöpfe den Radius R ihrer Welt bestimmen, auch wenn ihnen nur ein relativ geringer Teil ihrer Kugelwelt für ihre Messungen zur Verfügung steht. Ist aber dieser Teil allzu klein, so können sie nicht mehr konstatieren, daß sie sich auf einer Kugelwelt und nicht auf einer euklidischen Ebene befinden; ein kleines Stück einer Kugelfläche unterscheidet sich wenig von einem gleich großen Stück einer Ebene.

Wenn also die Kugelgeschöpfe auf einem Planeten wohnen,

dessen Sonnensystem nur einen verschwindend kleinen Teil der Kugelwelt einnimmt, so haben sie keine Möglichkeit, darüber zu entscheiden, ob sie in einer endlichen Welt oder einer unendlichen Welt leben, weil das Stück Welt, das ihrer Erfahrung zugänglich ist, in beiden Fällen praktisch eben bzw. euklidisch ist. Die Anschauung zeigt unmittelbar, daß für unsere Kugelgeschöpfe der Kreisumfang mit dem Radius zunächst bis zum „Weltumfang" wächst, um dann bei noch weiter wachsendem Radius allmählich wieder bis zu Null abzunehmen. Die Kreisfläche wächst dabei immer mehr, bis sie schließlich gleich wird der Gesamtfläche der ganzen Kugelwelt.

Vielleicht wird sich der Leser wundern, daß wir unsere Geschöpfe gerade auf eine Kugel und nicht auf eine andere geschlossene Fläche gesetzt haben. Aber dies hat seine Berechtigung, weil die Kugelfläche gegenüber allen anderen geschlossenen Flächen durch die Eigenschaft ausgezeichnet ist, daß all ihre Punkte gleichwertig sind. Das Verhältnis des Umfanges u eines Kreises zu seinem Radius r ist zwar von r abhängig, aber bei gegebenem r für alle Punkte der Kugelwelt das gleiche; die Kugelwelt ist eine „Fläche konstanter Krümmung".

Es gibt zu dieser zweidimensionalen Kugelwelt ein dreidimensionales Analogon, den dreidimensionalen sphärischen Raum, welcher von RIEMANN entdeckt worden ist. Seine Punkte sind ebenfalls alle gleichwertig. Er besitzt ein endliches Volumen, welches durch seinen „Radius" R bestimmt ist ($2\pi^2R^3$). Kann man sich einen sphärischen Raum vorstellen? Sich einen Raum vorstellen, heißt nichts anderes, als sich einen Inbegriff „räumlicher" Erfahrungen vorstellen, d.h. von Erfahrungen, die man beim Bewegen „starrer" Körper haben kann. In diesem Sinne ist ein sphärischer Raum vorstellbar.

Von einem Punkte aus ziehen wir Gerade (spannen wir Schnüre) nach allen Richtungen und tragen auf jeder derselben Strecke r mit dem Maßstabe auf. Alle freien Endpunkte dieser Strecken liegen auf einer Kugelfläche. Die Fläche dieser (F) können wir mit einem Maßstabquadrat besonders ausmessen. Ist die Welt euklidisch, so ist $F = 4\pi r^2$; ist die Welt sphärisch, so ist F stets kleiner als $4\pi r^2$. F wächst mit wachsendem r von Null bis zu einem durch den „Weltradius“ bestimmten Maximum, um bei weiter wachsendem Kugelradius r allmählich wieder bis zu Null abzunehmen. Die vom Ausgangspunkt ausgehenden radialen Geraden entfernen sich zunächst immer weiter voneinander, nähern sich später wieder, um schließlich im „Gegenpunkte“ des Ausgangspunktes wieder zusammenzulaufen; sie haben dann den ganzen sphärischen Raum durchmessen. Man überzeugt sich leicht, daß der dreidimensionale sphärische Raum dem zweidimensionalen (Kugelfläche) völlig analog ist. Er ist endlich (d. h. von endlichem Volumen), ohne Grenzen zu haben.

Es sei bemerkt, daß es noch eine Abart des sphärischen Raumes gibt, den „elliptischen Raum“. Er kann als ein sphärischer Raum aufgefaßt werden, in welchem die „Gegenpunkte“ identisch (nicht unterscheidbar) sind. Eine elliptische Welt kann also gewissermaßen als eine zentrisch symmetrische, sphärische Welt angesehen werden.

Aus dem Gesagten ergibt sich, daß geschlossene Räume ohne Grenzen denkbar sind. Unter diesen zeichnen sich der sphärische (bzw. der elliptische) Raum durch Einfachheit aus, indem alle seine Punkte gleichwertig sind. Nach dem Gesagten erhebt sich für die Astronomen und Physiker die höchst interessante Frage, ob die Welt, in der wir leben, unendlich oder nach Art der sphärischen Welt endlich ist. Unsere Erfahrung reicht zur Beantwortung dieser Frage nicht im entferntesten aus. Die allgemeine Relativitätstheorie aber erlaubt, sie mit ziemlicher Sicherheit zu beantworten; dabei löst sich auch die im § 30 dargelegte Schwierigkeit.

§ 32 Die Struktur des Raumes nach der allgemeinen Relativitätstheorie

Gemäß der allgemeinen Relativitätstheorie sind die geometrischen Eigenschaften des Raumes nicht selbständig, sondern durch die Materie bedingt. Man kann daher über die geometrische Struktur der Welt nur etwas schließen, wenn man den Zustand der Materie als bekannt der Betrachtung zugrunde legt. Wir wissen aus der Erfahrung, daß bei passend gewähltem Koordinatensystem die Geschwindigkeiten der Sterne klein sind gegenüber der Geschwindigkeit der Lichtausbreitung. Wir können deshalb die Beschaffenheit der Welt im großen in rohester Annäherung erfahren, indem wir die Materie als ruhend behandeln.

Wir wissen bereits aus früheren Überlegungen, daß das Verhalten der Maßstäbe und Uhren durch die Gravitationsfelder, d.h. durch die Verteilung der Materie beeinflußt wird. Hieraus folgt schon, daß von einer exakten Gültigkeit der euklidischen Geometrie in unserer Welt keine Rede sein kann. Aber es ist an sich denkbar, daß unsere Welt von einer euklidischen wenig abweicht, diese Auffassung liegt um so näher, als die Rechnung ergibt, daß selbst Massen von der Größe unserer Sonne die Metrik des umgebenden Raumes nur ganz minimal beeinflussen. Man könnte sich vorstellen, daß sich unsere Welt in geometrischer Hinsicht analog verhält einer im einzelnen unregelmäßig gekrümmten Fläche, die aber nirgends bedeutend von einer Ebene abweicht, wie etwa die durch schwache Wellen gekräuselte Oberfläche eines Sees. Eine derartige Welt könnten wir passend eine quasi-euklidische nennen. Sie wäre räumlich unendlich. Die Rechnung ergibt aber, daß in einer quasi-euklidischen Welt die mittlere Dichte der Materie Null sein müßte. Eine solche Welt könnte also nicht überall mit Materie bevölkert sein; sie böte das unbefriedigende Bild, das wir im § 30 entworfen haben.

Soll es aber in der Welt eine wenn auch noch so wenig von Null abweichende mittlere Dichte der Materie geben, so ist die Welt nicht quasi-euklidisch. Die Rechnung ergibt vielmehr, daß sie bei gleichmäßig verteilter Materie notwendig sphärisch (bzw. elliptisch) sein müßte. Da die Materie in Wahrheit im einzelnen ungleichmäßig verteilt ist, wird die wirkliche Welt vom sphärischen Verhalten im einzelnen abweichen, sie wird quasi-sphärisch sein. Aber sie wird notwendig endlich sein müssen. Die Theorie liefert sogar einen einfachen Zusammenhang[23] zwischen der räumlichen Ausdehnung der Welt und der mittleren Dichte der Materie in derselben.

23 Für den „Radius“ R der Welt ergibt sich nämlich die Gleichung

$$R^2 = \frac{2}{\kappa\rho}.$$

Bei Verwendung des C-G-S-Systems ist hierbei $2/\kappa = 1{,}08 \cdot 10^{27}$; ρ ist die mittlere Dichte der Materie.

Anhang

1 Einfache Ableitung der Lorentz-Transformation
(Ergänzung zu § 11)

Bei der in Abb. 2 angedeuteten relativen Orientierung der Koordinatensysteme fallen die X-Achsen beider Systeme dauernd zusammen. Wir können hier das Problem teilen, indem wir zunächst nur Ereignisse betrachten, die auf der X-Achse lokalisiert sind. Ein solches Ereignis ist bezüglich des Koordinatensystems K durch die Abszisse x und die Zeit t, bezüglich K' durch die Abszisse x' und die Zeit t' gegeben. Gesucht sind x' und t', wenn x und t gegeben sind.

Ein Lichtsignal, welches längs der positiven X-Achse vorschreitet, pflanzt sich nach der Gleichung

$$x = c\,t$$

oder

$$x - c\,t = 0 \tag{1}$$

fort. Da dasselbe Lichtsignal sich auch relativ zu K' mit der Geschwindigkeit c fortpflanzen soll, so wird die Fortpflanzung relativ zu K' durch die analoge Formel

$$x' - c\,t' = 0 \tag{2}$$

beschrieben. Diejenigen Raum-Zeit-Punkte (Ereignisse), welche (1) erfüllen, müssen auch (2) erfüllen. Dies wird offenbar der Fall sein, wenn allgemein die Beziehung

$$(x' - c\,t') = \lambda(x - c\,t) \tag{3}$$

erfüllt ist, wobei λ eine Konstante bedeutet; denn gemäß (3) bedingt das Verschwinden von $x - c\,t$ das Verschwinden von $x' - c\,t'$.

Eine ganz analoge Betrachtung, angewandt auf längs der negativen X-Achse sich fortpflanzende Lichtstrahlen, liefert die Bedingung:

$$x' + ct' = \mu(x + ct). \tag{4}$$

Addiert bzw. subtrahiert man die Gleichungen (3) und (4), wobei man statt der Konstanten λ und μ bequemlichkeitshalber die Konstanten

$$a = \frac{\lambda + \mu}{2}$$

$$b = \frac{\lambda - \mu}{2}$$

einführt, so erhält man

$$\left.\begin{aligned} x' &= ax - bct \\ ct' &= act - bx \end{aligned}\right\}. \tag{5}$$

Damit wäre unsere Aufgabe gelöst, wenn die Konstanten a und b bekannt wären; diese ergeben sich durch die folgenden Überlegungen.

Für den Anfangspunkt von K' ist dauernd $x' = 0$, also nach der ersten der Gleichungen (5):

$$x = \frac{bc}{a}t.$$

Nennen wir v die Geschwindigkeit, mit welcher der Anfangspunkt von K' relativ zu K bewegt ist, so ist also

$$v = \frac{bc}{a}. \tag{6}$$

Den gleichen Wert v erhält man aus (5), wenn man die Geschwindigkeit eines anderen Punktes von K' relativ zu K oder die (nach der negativen X-Achse gerichtete) Geschwindigkeit eines Punktes von K gegenüber K' berechnet. Man kann also v kurz als die Relativgeschwindigkeit beider Systeme bezeichnen.

Ferner ist nach dem Relativitätsprinzip klar, daß die von K aus beurteilte Länge eines relativ zu K' ruhenden Einheitsmaßstabes genau dieselbe sein muß, wie die von K' aus beurteilte Länge eines relativ zu K ruhenden Einheitsmaßstabes. Um zu sehen, wie die Punkte der X'-Achse von K aus betrachtet aussehen, brauchen wir nur eine „Momentaufnahme" von K' von K aus aufzunehmen; dieses bedeutet, daß wir für t (Zeit von K) einen bestimmten Wert, z. B. $t = 0$ einzusetzen haben. Für diesen erhält man aus der ersten der Gleichungen (5):

$$x' = a x .$$

Zwei Punkte der X'-Achse, welche, in K' gemessen, den Abstand $x' = 1$ haben, haben also auf unserer Momentphotographie den Abstand:

$$\Delta x = \frac{1}{a}. \tag{7}$$

Bildet man aber die Momentphotographie von K' aus ($t' = 0$), so erhält man aus (5) durch Eliminieren von t mit Rücksicht auf (6):

$$x' = a\left(1 - \frac{v^2}{c^2}\right) x .$$

Hieraus schließt man, daß zwei Punkte der X-Achse vom Abstand 1 (relativ zu K) auf unserer Momentphotographie den Abstand

$$\Delta x' = a\left(1 - \frac{v^2}{c^2}\right) \tag{7a}$$

haben.

Da nach dem Gesagten die beiden Momentphotographien gleich sein müssen, muß Δx in (7) gleich sein $\Delta x'$ in (7a), so daß man erhält:

$$a^2 = \frac{1}{1 - \frac{v^2}{c^2}} . \tag{7b}$$

Die Gleichungen (6) und (7b) bestimmen die Konstanten a und b. Durch Einsetzen in (5) erhält man die erste und vierte der in § 11 angegebenen Gleichungen.

$$\left.\begin{aligned} x' &= \frac{x - v\,t}{\sqrt{1 - \frac{v^2}{c^2}}} \\ t' &= \frac{t - \frac{v}{c^2}\,x}{\sqrt{1 - \frac{v^2}{c^2}}} \end{aligned}\right\} . \qquad (8)$$

Damit ist die LORENTZ-Transformation für Ereignisse auf der X-Achse gewonnen. Sie genügt der Bedingung

$$x'^2 - c^2\,t'^2 = x^2 - c^2\,t^2 . \qquad (8a)$$

Die Erweiterung dieses Resultates auf Ereignisse, die außerhalb der X-Achse stattfinden, ergibt sich, indem man die Gleichungen (8) beibehält und die Beziehungen

$$\left.\begin{aligned} y' &= y \\ z' &= z \end{aligned}\right\} \qquad (9)$$

hinzufügt. Daß man so dem Postulat von der Konstanz der Vakuum-Lichtgeschwindigkeit für beliebig gerichtete Lichtstrahlen sowohl für das System K als auch für das System K' genügt, erkennt man auf folgende Weise.

Zur Zeit $t = 0$ werde vom Anfangspunkt von K ein Lichtsignal ausgesandt. Seine Ausbreitung geschieht nach der Gleichung:

$$r = \sqrt{x^2 + y^2 + z^2} = c\,t ,$$

oder, wie man durch Quadrieren dieser Gleichung findet, nach der Gleichung

$$x^2 + y^2 + z^2 - c^2\,t^2 = 0 . \qquad (10)$$

Das Gesetz von der Lichtausbreitung in Verbindung mit dem Relativitätspostulat verlangt, daß die Ausbreitung des nämlichen Signals – von K' aus beurteilt – nach der entsprechenden Formel

$$r' = c\,t'$$

oder

$$x'^2 + y'^2 + z'^2 - c^2 t'^2 = 0 \tag{10a}$$

erfolge. Damit die Gleichung (10a) eine Folge der Gleichung (10) sei, muß sein:

$$x'^2 + y'^2 + z'^2 - c^2 t'^2 = \sigma(x^2 + y^2 + z^2 - c^2 t^2). \tag{11}$$

Da für Punkte auf der X-Achse die Gleichung (8a) gelten muß, muß $\sigma = 1$ sein. Daß die LORENTZ-Transformation der Gleichung (11) mit $\sigma = 1$ wirklich genügt, erkennt man leicht; (11) ist nämlich eine Folge von (8a) und (9), also auch von (8) und (9). Damit ist die LORENTZ-Transformation abgeleitet.

Die durch (8) und (9) dargestellte LORENTZ-Transformation bedarf noch der Verallgemeinerung. Es ist offenbar unwesentlich, daß die Achsen von K' denen von K räumlich parallel gewählt werden. Es ist auch unwesentlich, daß die Translationsgeschwindigkeit von K' gegenüber K die Richtung der X-Achse hat. Man kann die LORENTZ-Transformation in diesem allgemeinen Sinne – wie eine einfache Überlegung ergibt – zusammensetzen aus zweierlei Transformationen, nämlich aus LORENTZ-Transformationen im speziellen Sinne und aus rein räumlichen Transformationen, welche der Ersetzung des rechtwinkligen Koordinatensystems durch ein neues mit anders gerichteten Achsen entsprechen.

Mathematisch läßt sich die verallgemeinerte LORENTZ-Transformation so charakterisieren: Sie drückt x', y', z', t' durch derartige lineare homogene Funktionen von x, y, z, t aus, daß die Relation

$$x'^2 + y'^2 + z'^2 - c^2 t'^2 = x^2 + y^2 + z^2 - c^2 t^2 \tag{11a}$$

identisch erfüllt wird. Dies will sagen: Setzt man links statt x' usw. ihre Ausdrücke in x, y, z, t ein, so stimmt die linke Seite von (11a) mit der rechten überein.

2 MINKOWSKIS vierdimensionale Welt
(Ergänzung zu § 17)

Die verallgemeinerte LORENTZ-Transformation läßt sich noch einfacher charakterisieren, wenn man statt t als Zeitvariable die imaginäre $\sqrt{-1}\,c\,t$ einführt. Setzt man demgemäß

$$\begin{aligned} x_1 &= x \\ x_2 &= y \\ x_3 &= z \\ x_4 &= \sqrt{-1}\,c\,t\,, \end{aligned}$$

und analog für das gestrichene System K', so lautet die Bedingung, welche von der Transformation identisch erfüllt wird:

$$x_1'^2 + x_2'^2 + x_3'^2 + x_4'^2 = x_1^2 + x_2^2 + x_3^2 + x_4^2\,. \qquad (12)$$

In diese Gleichung geht nämlich (11a) bei der angegebenen Wahl der „Koordinaten" über.

Man sieht aus (12), daß die imaginäre Zeitkoordinate x_4 in die Transformationsbedingung genau gleich eingeht wie die räumlichen Koordinaten x_1, x_2, x_3. Hierauf beruht es, daß in die Naturgesetze nach der Relativitätstheorie die „Zeit" x_4 in derselben Form eingeht wie die räumlichen Koordinaten x_1, x_2, x_3.

Das durch die „Koordinaten" x_1, x_2, x_3, x_4 beschriebene vierdimensionale Kontinuum hat MINKOWSKI „Welt" genannt, das Punktereignis „Weltpunkt". Die Physik wird aus einem *Geschehen* im dreidimensionalen Raum gewissermaßen ein *Sein* in der vierdimensionalen „Welt".

Diese vierdimensionale „Welt" hat eine tiefgehende Ähnlichkeit mit dem dreidimensionalen „Raum" der (euklidischen) analytischen Geometrie. Führt man nämlich in letztere ein neues kartesisches Koordinatensystem (x_1', x_2', x_3') ein mit demselben Anfangspunkte, so sind x_1', x_2', x_3' lineare homogene Funktionen von x_1, x_2, x_3, welche die Gleichung

$$x_1'^2 + x_2'^2 + x_3'^2 = x_1^2 + x_2^2 + x_3^2$$

identisch erfüllen. Die Analogie mit (12) ist eine vollständige. Man kann die MINKOWSKIsche Welt formal als einen vierdimensionalen euklidischen Raum (mit imaginärer Zeitkoordinate) ansehen; die LORENTZ-Transformation entspricht einer „Drehung" des Koordinatensystems in der vierdimensionalen „Welt".

3 Über die Bestätigung der allgemeinen Relativitätstheorie durch die Erfahrung

Den Prozeß des Werdens einer Erfahrungswissenschaft denkt man sich bei schematisch erkenntnistheoretischer Betrachtungsweise als einen fortgesetzten Induktionsprozeß. Die Theorien erscheinen als Zusammenfassungen einer großen Menge von Einzelerfahrungen in Erfahrungsgesetze, aus denen durch Vergleichung die allgemeinen Gesetze ermittelt werden. Die Entwicklung der Wissenschaft erscheint von diesem Standpunkt aus ähnlich einem Katalogisierungswerk, als ein Werk der bloßen Empirie.

Diese Auffassung erschöpft aber den wirklichen Prozeß keineswegs. Sie übersieht nämlich die wichtige Rolle, welche Intuition und deduktives Denken in der Entwicklung der exakten Wissenchaft spielen. Sobald nämlich eine Wissenschaft über das primitivste Stadium hinausgekommen ist, entstehen die theoretischen Fortschritte nicht mehr durch eine bloß ordnende Tätigkeit. Der Forscher entwickelt vielmehr, angeregt durch Erfahrungstatsachen, ein Gedankensystem, das logisch auf eine meist geringe Zahl von Grundannahmen, die sogenannten Axiome, aufgebaut ist. Ein solches Gedankensystem nennen wir eine Theorie. Die Theorie schöpft ihre Daseinsberechtigung daraus, daß sie eine größere Zahl von Einzelerfahrungen verknüpft; hierin liegt ihre „Wahrheit".

Es kann nun zu demselben Komplex von Erfahrungstatsachen verschiedene Theorien geben, die sich sehr bedeutend voneinander unterscheiden. Die Übereinstimmung der Theorien in den der Erfahrung zugänglichen Konsequenzen kann eine so weitgehende sein, daß es schwer fällt, der Erfahrung zugängliche Konsequenzen zu finden, bezüglich welcher sich die Theorien voneinander unterscheiden. Ein solcher Fall von allgemeinem Interesse liegt beispielsweise auf dem Gebiete der Biologie vor in der DARWINschen Theorie der Entwicklung durch Zuchtwahl im Kampf ums Dasein und in derjenigen Entwicklungstheorie, die sich auf die Hypothese von der Vererbung erworbener Eigenschaften gründet.

Ein derartiger Fall von weitgehender Übereinstimmung der Konsequenzen liegt vor bei der NEWTONschen Mechanik einerseits und der allgemeinen Relativitätstheorie andererseits. Diese Übereinstimmung geht so weit, daß bisher nur wenige der Erfahrung zugängliche Folgerungen der allgemeinen Relativitätstheorie haben gefunden werden können, zu denen die frühere Physik nicht führt – trotz der tiefgehenden Verschiedenheit der Grundvoraussetzungen der Theorien. Diese wichtigen Konsequenzen wollen wir hier noch einmal betrachten und auch die bisher darüber gesammelten Erfahrungen kurz besprechen.

a) Die Perihelbewegung des Merkur

Nach der NEWTONschen Mechanik und dem NEWTONschen Gravitationsgesetz würde ein einziger um eine Sonne kreisender Planet eine Ellipse um die Sonne (bzw. genauer um den gemeinsamen Schwerpunkt von Sonne und Planet) beschreiben. Die Sonne (bzw. der gemeinsame Schwerpunkt) liegt hierbei in dem einen Brennpunkt der Bahnellipse, derart, daß der Abstand Sonne–Planet im Laufe eines Planetenjahres von einem Minimum zu einem Maximum wächst und dann wieder zu dem Minimum zurückgeht. Setzt man statt des NEWTONschen Anziehungsgesetzes ein etwas anderes in die Rechnung ein, so findet man, daß die Bewegung nach diesem Gesetz immer noch so stattfinden müßte, daß der Abstand Sonne–Planet hin und her schwankt; aber der bei einer solchen Periode [von Perihel (Sonnennähe) zu Perihel] von der Linie Sonne–Planet beschriebene Winkel würde von 360° abweichen. Die Linie der Bahn würde dann keine geschlossene sein, sondern würde im Laufe der Zeit einen ringförmigen Teil der Bahnebene (zwischen dem Kreise des kleinsten und dem Kreise des größten Planetenabstandes) ausfüllen.

Nach der allgemeinen Relativitätstheorie, welche ja von der NEWTONschen etwas abweicht, soll nun ebenfalls eine derartige kleine Abweichung von der KEPLER-NEWTONschen Bahnbewegung stattfinden, derart, daß der vom Radius Sonne—Planet zwischen einem Perihel und dem folgenden beschriebene Winkel von einem vollen Umlaufswinkel (d.h. vom Winkel 2π in dem in der Physik üblichen absoluten Winkelmaße) um

$$\frac{24\,\pi^3 a^2}{T^2 c^2 (1-e^2)}$$

abweicht. (Hierbei ist a die große Halbachse der Ellipse, e deren Exzentrizität, c die Lichtgeschwindigkeit, T die Umlaufsdauer). Man kann dies auch so ausdrücken: Nach der allgemeinen Relativitätstheorie rotiert die große Achse der Ellipse im Sinne der Bahnbewegung um die Sonne. Diese Drehung soll nach der Theorie beim Planeten Merkur 43 Bogen-Sekunden in 100 Jahren betragen, bei den anderen Planeten unserer Sonne aber so klein sein, daß sie sich der Konstatierung entziehen muß.

Tatsächlich haben die Astronomen gefunden, daß die NEWTONsche Theorie nicht ausreicht, um die beobachtete Bewegung des Merkur mit der der heutigen Beobachtung zugänglichen Exaktheit zu berechnen. Nach Berücksichtigung aller störenden Einflüsse, welche die übrigen Planeten auf Merkur ausüben, zeigt es sich (LEVERRIER 1859 und NEWCOMB 1895), daß eine unerklärte Perihelbewegung der Merkurbahn übrig blieb, welche sich von den eben genannten +43 Sek. pro Jahrhundert nicht merkbar unterscheidet. Die Unsicherheit dieses mit dem Ergebnis der allgemeinen Relativitätstheorie übereinstimmenden empirischen Resultats beträgt wenige Sekunden.

b) Die Lichtablenkung durch das Gravitationsfeld

In § 22 ist dargelegt, daß nach der allgemeinen Relativitätstheorie der Lichtstrahl durch ein Gravitationsfeld eine Krümmung erfahren muß, welche der Krümmung ähnlich ist, welche die Bahn eines durch das Gravitationsfeld geschleuderten Körpers erfahren muß. Ein an einem Himmelskörper vorbeigehender Lichtstrahl wird nach der Theorie nach diesem hin abgebogen; dieser Ablenkungswinkel α soll bei einem Lichtstrahl, der in einem Abstand von Δ Sonnenradien an diesem vorbeigeht,

$$\alpha = \frac{1{,}7 \text{ Sekunden}}{\Delta}$$

betragen. Es sei hinzugefügt, daß diese Ablenkung nach der Theorie zur Hälfte durch das (NEWTONsche) Anziehungsfeld der Sonne, zur Hälfte durch die von der Sonne herrührende geometrische Modifikation („Krümmung“) des Raumes erzeugt wird.

Dies Ergebnis erlaubt eine experimentelle Prüfung durch photographische Sternaufnahmen während einer totalen Sonnenfinsternis. Letztere muß nur deshalb abgewartet werden, weil zu jeder anderen Zeit die durch das Sonnenlicht bestrahlte Atmosphäre so stark leuchtet, daß die sonnennahen Sterne unsichtbar sind.

Die zu erwartende Erscheinung ergibt sich leicht aus nebenstehender Abb. 4. Wäre die Sonne S nicht vorhanden, so würde man einen praktisch unendlich weiten Stern in der Richtung R_1 sehen. Infolge der Ablenkung durch die Sonne sieht man ihn aber in der Richtung R_2, d.h. in einer etwas größeren Entfernung von der Sonnenmitte, als der Wirklichkeit entspricht.

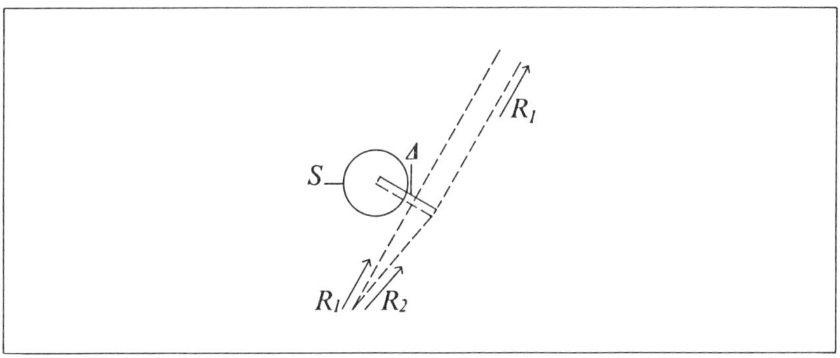

Abb. 4

In praxi geschieht die Prüfung in folgender Weise. Die Sterne in der Umgebung der Sonne werden bei einer Sonnenfinsternis photographiert. Es wird ferner eine zweite photographische Aufnahme derselben Sterne hergestellt, wenn die Sonne an einer anderen Stelle des Himmels ist (d.h. einige Monate später oder früher). Die bei der Sonnenfinsternis aufgenommenen Sternbilder müssen dann gegenüber der Vergleichsaufnahme radial nach außen (vom Sonnenmittelpunkt weg) verschoben sein um einen Betrag, der dem Winkel α entspricht.

Der Astronomical Royal Society verdanken wir die Prüfung dieses wichtigen Ergebnisses. Ohne sich durch den Krieg und die durch diesen geschaffenen Schwierigkeiten psychologischer Art beirren zu lassen, hat sie mehrere ihrer bedeutendsten Astronomen (Eddington, Crommelin, Davidson) ausgesandt und zwei Expeditionen ausgerüstet, um bei der Sonnenfinsternis vom 29. Mai 1919 in Sobral (Brasilien) und auf der Insel Principe (Westafrika) die photographischen Aufnahmen zu machen. Die zu erwartenden relativen Abweichungen der Sonnenfinsternisaufnahmen gegenüber den Vergleichsaufnahmen betrugen nur wenige hundertstel Millimeter. Die Anforderungen, welche an die Präzision der Aufnahmen und deren Vermessung gestellt wurden, waren also keine geringen.

Das Ergebnis der Messung bestätigte die Theorie in durchaus befriedigender Weise. Die rechtwinkligen Komponenten der beobachteten und berechneten Abweichungen der Sterne (in Bogen-Sekunden) sind in folgender Tabelle enthalten:

Nummer des Sternes	1. Koordinate		2. Koordinate	
	beobachtet	berechnet	beobachtet	berechnet
11	−0,19	−0,22	+0,16	+0,02
5	−0,29	−0,31	−0,46	−0,43
4	−0,11	−0,10	+0,83	+0,74
3	−0,20	−0,12	+1,00	+0,87
6	−0,10	−0,04	+0,57	+0,40
10	−0,08	+0,09	+0,35	+0,32
2	+0,95	+0,85	−0,27	−0,09

c) Die Rotverschiebung der Spektrallinien

Im § 23 ist gezeigt, daß in einem gegen ein GALILEIsches System K rotierenden System K' die Geschwindigkeit des Ganges ruhender gleichbeschaffener Uhren vom Orte abhängig ist. Wir wollen diese Abhängigkeit quantitativ untersuchen. Eine Uhr, die im Abstande r vom Zentrum der Scheibe angeordnet ist, hat relativ zu K die Geschwindigkeit

$$v = w r,$$

wenn w die Rotationsgeschwindigkeit der Scheibe (K') gegenüber K bezeichnet. Bezeichnet ν_0 die Zahl der Schläge der Uhr pro Zeiteinheit (Ganggeschwindigkeit) relativ zu K, falls die Uhr unbewegt ist, so ist die Ganggeschwindigkeit ν der mit der Geschwindigkeit v relativ zu K bewegten, relativ zur Scheibe ruhenden Uhr gemäß § 12

$$\nu = \nu_0 \sqrt{1 - \frac{v^2}{c^2}},$$

oder mit hinreichender Genauigkeit

$$\nu = \nu_0 \left(1 - \frac{1}{2} \frac{v^2}{c^2}\right),$$

oder auch gleich

$$\nu = \nu_0 \left(1 - \frac{w^2 r^2}{2 c^2}\right).$$

Bezeichnet man mit $+\Phi$ die Differenz des Potentials der Zentrifugalkraft zwischen dem Standort der Uhr und dem Scheibenmittelpunkt, d.h. die negativ genommene Arbeit, welche man entgegen der Zentrifugalkraft der Masseneinheit zuführen muß, um sie vom Standpunkt der Uhr auf der bewegten Scheibe zum Mittelpunkt zu transportieren, so ist

$$\Phi = -\frac{w^2 r^2}{2},$$

so daß man hat

$$\nu = \nu_0 \left(1 + \frac{\Phi}{c^2}\right)$$

Hieraus ersieht man zunächst, daß zwei gleichbeschaffene Uhren in verschiedenem Abstand vom Scheibenmittelpunkt verschieden rasch laufen, welches Ergebnis auch vom Standpunkt eines mit der Scheibe rotierenden Beobachters Gültigkeit hat.

Da nun – von der Scheibe aus beurteilt – ein Gravitationsfeld existiert, dessen Potential Φ ist, so wird das gewonnene Resultat überhaupt für Gravitationsfelder gelten. Da wir ferner ein Spektrallinien emittierendes Atom als eine Uhr ansehen dürfen, so gilt der Satz:

Ein Atom absorbiert bzw. emittiert eine Frequenz, welche vom Potential des Gravitationsfeldes abhängt, in welchem es sich befindet.

Die Frequenz eines Atoms, das sich an der Oberfläche eines Himmelskörpers befindet, ist etwas kleiner als die Frequenz eines Atoms des gleichen Elementes, das sich im freien Weltraum (oder an der Oberfläche eines kleineren Weltkörpers) befindet. Da $\Phi = -KM/r$ ist, wobei K die NEWTONsche Gravitationskonstante, M die Masse, r den Radius des Himmelskörpers bedeutet, so müßte eine Rotverschiebung der an der Oberfläche von Sternen erzeugten Spektrallinien gegenüber den an der Erdoberfläche erzeugten Spektrallinien im Betrage

$$\frac{\nu - \nu_0}{\nu_0} = -\frac{K}{c^2}\frac{M}{r}$$

stattfinden.

Bei der Sonne beträgt die zu erwartende Rotverschiebung etwa zwei Millionstel der Wellenlänge. Bei den Fixsternen ist eine zuverlässige Berechnung nicht möglich, weil weder die Masse M noch der Radius r im allgemeinen bekannt sind.

Ob dieser Effekt tatsächlich existiert, ist eine offene Frage, an deren Beantwortung gegenwärtig von den Astronomen mit großem Eifer gearbeitet wird. Bei der Sonne ist die Existenz des Effektes wegen seiner Kleinheit schwer zu beurteilen. Während GREBE und BACHEM (Bonn) auf Grund ihrer eigenen Messungen sowie derjenigen von EVERSHED und SCHWARZSCHILD an der sogenannten Cyanbande, ebenso PEROT auf Grund eigener Beobachtungen, die Existenz des Effektes für sichergestellt erachten, sind andere Forscher, insbesondere W. H. JULIUS und S. JOHN, auf Grund ihrer Messungen der entgegengesetzten Ansicht bzw. von der Beweiskraft des bisherigen empirischen Materials nicht überzeugt.

Bei den statistischen Untersuchungen an den Fixsternen sind mittlere Linienverschiebungen nach der langwelligen Spektralseite sicher vorhanden. Aber die bisherige Bearbeitung des Materials erlaubt noch keine sichere Entscheidung darüber, ob jene Verschiebungen wirklich auf die Wirkung der Gravitation zurückzuführen sind. Eine Zusammenstellung des Beobachtungsmaterials nebst eingehender Diskussion vom Standpunkt der uns hier interessierenden Frage findet man in der Abhandlung von E. FREUNDLICH „Prüfung der allgemeinen Relativitätstheorie" (Die Naturwissenschaften 1919, H. 35, S. 520. Verlag Jul. Springer, Berlin).

Jedenfalls werden die nächsten Jahre die sichere Entscheidung bringen. Wenn die Rotverschiebung der Spektrallinien durch das Gravitationspotential nicht existierte, wäre die allgemeine Relativitätstheorie unhaltbar. Andererseits wird das Studium der Linienverschiebung, wenn sein Ursprung aus dem Gravitationspotential sichergestellt sein wird, wichtige Aufschlüsse über die Massen der Himmelskörper liefern.

4 Die Struktur des Raumes im Zusammenhang mit der allgemeinen Relativitätstheorie

Seit dem Erscheinen der ersten Auflage dieses Büchleins hat unsere Erkenntnis über die Struktur des Raumes im Großen („kosmologisches Problem") eine wichtige Entwicklung erfahren, die auch in einer populären Darstellung des Gegenstandes erwähnt werden muß.

Meinen ursprünglichen Überlegungen über den Gegenstand waren zwei Hypothesen zugrunde gelegt worden:

1. Es gibt eine von 0 verschiedene mittlere Dichte der Materie im ganzen Raume, welche überall dieselbe ist.
2. Die Größe (bzw. der „Radius") des Raumes ist von der Zeit unabhängig.

Diese beiden Hypothesen erwiesen sich nach der allgemeinen Relativitätstheorie als miteinander vereinbar, aber nur dann, wenn man den Feldgleichungen ein hypothetisches Glied beifügte, welches die Theorie an sich weder forderte, noch vom theoretischen Standpunkte als natürlich erschien („kosmologisches Glied der Feldgleichungen").

Die Hypothese 2 schien mir damals unvermeidlich, da es mir damals erschien, daß man in uferlose Spekulationen geraten würde, wenn man von ihr abginge.

Bereits in den 20er Jahren jedoch entdeckte der russische Mathematiker FRIEDMAN, daß vom rein theoretischen Standpunkte eine abweichende Annahme natürlicher war. Er erkannte nämlich, daß es möglich war, die Hypothese 1 beizubehalten, ohne das an sich wenig natürliche kosmologische Glied in die Feldgleichungen der Gravitation einzuführen, wenn man sich dazu entschloß, die Hypothese 2 fallen zu lassen. Die ursprünglichen Feldgleichungen erlauben nämlich eine Lösung, in welcher der „Weltradius" von der Zeit abhängt (expandierender Raum). In diesem Sinne kann man mit FRIEDMAN behaupten, daß die Theorie eine Expansion des Raumes verlange.

Wenige Jahre später zeigte HUBBLE durch seine spektralen Untersuchungen an extra-galaktischen Nebeln („Milchstraßen"), daß die von diesen ausgesandten Spektrallinien eine mit der Distanz der Nebel regelmäßig wachsende Rotverschiebung zeigen. Diese kann nach unserem gegenwärtigen Wissen im Sinne des DOPPLERschen Prinzips nur als eine Expansionsbewegung des Sternsystems im Großen gedeutet werden – wie sie nach FRIEDMANS Untersuchung von den Feldgleichungen der Gravitation gefordert wird. Die HUBBLEsche Entdeckung kann insofern also als eine Bestätigung der Theorie gedeutet werden.

Es ergibt sich aber eine merkwürdige Schwierigkeit. Die (theoretisch kaum bezweifelbare) Interpretation der von HUBBLE gefundenen galaktischen Linienverschiebungen als Expansion führt auf einen Anfang der Expansion, die „nur" etwa 10^9 Jahre zurückliegt, während die physikalische Astronomie es wahrscheinlich erscheinen läßt, daß die Entwicklung der einzelnen Sterne und Sternsysteme erheblich größere Zeiten erforderte. Es ist gegenwärtig noch keineswegs sicher, wie diese Inkongruenzen zu überwinden sind.

Es sei auch bemerkt, daß die Theorie des expandierenden Raumes zusammen mit den empirischen Daten der Astronomie keine Entscheidung über die Endlichkeit oder Unendlichkeit des Raumes (dreidimensional) zuläßt, während die ursprüngliche statische Hypothese des Raumes die Geschlossenheit (Endlichkeit) des Raumes ergeben hatte.

5 Relativität und Raumproblem

Für die NEWTONsche Physik ist es charakteristisch, daß sie dem Raume und der Zeit neben der Materie unabhängige reale Existenz zuschreiben muß. Denn im NEWTONschen Bewegungsgesetz tritt der Begriff der Beschleunigung auf. Beschleunigung kann aber in dieser Theorie nur bedeuten „Beschleunigung gegenüber dem Raume". Der NEWTONsche Raum muß also als „ruhend", oder mindestens als „unbeschleunigt" gedacht werden, daß man die Beschleunigung, die im Bewegungsgesetz auftritt, als eine sinnvolle Größe betrachten kann. Analoges gilt von der Zeit, welche ja ebenfalls in den Beschleunigungsbegriff eingeht. NEWTON selbst und seine kritischsten Zeitgenossen haben es als störend empfunden, daß man sowohl dem Raume selbst als auch dessen Bewegungszustand physikalische Realität zuschreiben mußte; aber es gab damals keinen anderen Ausweg, wenn man der Mechanik einen klaren Sinn zuschreiben wollte.

Es ist schon eine harte Zumutung, daß man dem Raum überhaupt physikalische Realität zuschreiben soll, insbesondere dem leeren Raume. Die Philosophen haben seit den ältesten Zeiten immer wieder gegen eine solche Zumutung sich gesträubt. DESCARTES argumentierte etwa so: Raum ist wesensgleich mit Ausdehnung. Ausdehnung aber ist an Körper gebunden. Also kein Raum ohne Körper, d.h. kein leerer Raum. Die Schwäche dieser Schlußweise liegt in erster Linie darin: Es ist zwar richtig, daß der Begriff Ausdehnung seine Entstehung Erfahrungen verdankt, die wir an der Lagerung (Berührung) von festen Körpern gemacht haben. Daraus kann man aber nicht folgern, daß der Begriff der Ausdehnung nicht berechtigt sei in Fällen, die nicht zur Bildung dieses Begriffes Anlaß gegeben hätten. Solche Erweiterung von Begriffen kann auch indirekt durch ihren Wert für das Begreifen von empirischen Befunden gerechtfertigt werden. Die Behauptung, Ausdehnung sei an Körper gebunden, ist daher zwar an sich unbegründet. Wir werden aber später sehen, daß die allgemeine Relativitätstheorie DESCARTES' Auffassung auf einem Umweg bestätigt. Was DESCARTES zu seiner merkwürdig anmutenden Auffassung gebracht hat, war wohl das Gefühl, daß man einem nicht „direkt erfahrbaren"[24] Dinge wie dem Raume ohne dringende Notwendigkeit keine Realität zuschreiben dürfe.

Der psychologische Ursprung des Raumbegriffes, bzw. dessen Notwendigkeit, ist gar nicht so offenbar, wie es auf Grund unserer Denkgewohnheiten erscheinen mag. Die alten Geometer handeln von gedanklichen Objekten (Gerade, Punkt, Fläche) aber nicht eigentlich vom Raum als solchem, wie es die analytische Geometrie später getan hat. Der Begriff Raum wird aber nahegelegt durch gewisse primitive Erfahrungen. Man habe eine Schachtel hergestellt. Man kann Objekte in gewisser Anordnung darin unterbringen, so daß die Schachtel voll wird. Die Möglichkeit solcher Anordnungen ist eine Eigenschaft des körperlichen Objektes Schachtel, etwas, was mit der Schachtel gegeben ist, der von der Schachtel „umschlossene Raum". Dies ist etwas, was für verschiedene Schachteln verschieden ist, etwas, was ganz natürlich als unabhängig davon gedacht wird, ob jeweilen überhaupt Objekte in der Schachtel sind oder nicht. Wenn keine Objekte in der Schachtel liegen, so erscheint ihr Raum „leer".

24 Dieser Ausdruck ist cum grano salis zu nehmen.

Bisher ist unser Raumbegriff an die Schachtel gebunden. Es erweist sich aber, daß die den Schachtel-Raum konstituierenden Lagerungsmöglichkeiten davon unabhängig sind, wie dick die Schachtelwände sind. Kann man diese Dicke nicht auf Null herabsinken lassen, ohne daß dabei der „Raum" verlorengeht? Die Natürlichkeit eines solchen Grenzprozesses ist einleuchtend, und nun besteht für unser Denken der Raum ohne Schachtel, ein selbständiges Ding, das doch als so unwirklich erscheint, wenn man die Herkunft dieses Begriffes vergißt. Man versteht, daß es DESCARTES widerstrebt hat, den Raum als ein Ding zu betrachten, unabhängig von körperlichen Objekten, das ohne Materie existieren könne[25]. (Dies hindert ihn allerdings nicht daran, den Raum als fundamentalen Begriff zu behandeln in seiner analytischen Geometrie.) Ein Hinweis auf das Vakuum im Quecksilber-Barometer hat wohl die letzten Kartesianer entwaffnet. Aber es ist nicht zu leugnen, daß schon auf dieser primitiven Stufe dem Raumbegriff bzw. dem Raum, gedacht als selbständiges reales Ding, etwas Unbefriedigendes anhaftet.

Die Arten, wie Körper in dem Raume (Schachtel) gelagert werden können, sind der Gegenstand der dreidimensionalen euklidischen Geometrie, deren axiomatischer Aufbau leicht darüber täuscht, daß sie sich auf erlebbare Situationen bezieht.

Wenn nun in der oben skizzierten Weise, anschließend an Erfahrungen über das „Ausfüllen" der Schachtel, der Begriff Raum gebildet ist, so ist dies zunächst ein *begrenzter* Raum. Diese *Begrenztheit erscheint aber unwesentlich*, weil man anscheinend stets eine größere Schachtel einführen kann, welche die kleinere umschließt. Der Raum erscheint so als etwas Unbegrenztes.

Ich will nun hier nicht darüber handeln, daß die Auffassungen von der Dreidimensionalität und der „Euklidizität" des Raumes auf (relativ primitive) Erfahrungen zurückgehen, sondern die Rolle des

25 KANTS Versuch, das Unbehagen durch Leugnung der Objektivität des Raumes abzuschaffen, kann doch kaum ernst genommen werden. Die Lagerungsmöglichkeiten, verkörpert durch den Innenraum einer Schachtel, sind in demselben Sinne objektiv wie die Schachtel selbst und die in demselben lagerbaren Objekte.

Raumbegriffes in der Entwicklung des physikalischen Denkens zunächst nach anderen Gesichtspunkten betrachten.

Wenn eine kleinere Schachtel *s* sich im Innern des Hohlraumes einer größeren Schachtel *S* in relativer Ruhe befindet, so ist der Hohlraum von *s* ein Teil des Hohlraumes von *S*, und zu beiden Schachteln gehört derselbe sie beide enthaltende „Raum". Weniger einfach aber ist die Auffassung, wenn *s* gegenüber *S* in Bewegung ist. Dann ist man geneigt zu denken, *s* umschließe stets denselben Raum, aber einen veränderlichen Teil des Raumes *S*. Man ist dann genötigt, jeder Schachtel ihren besonderen (nicht als begrenzt gedachten) Raum zuzuordnen und anzunehmen, daß diese beiden Räume gegeneinander bewegt seien.

Bevor man auf diese Komplikation aufmerksam geworden ist, erscheint der Raum als ein begrenztes Medium (Behälter), in dem die körperlichen Objekte herumschwimmen. Nun aber muß man denken, daß es unendlich viele Räume gibt, die gegeneinander bewegt sind. Der Begriff Raum als ein unabhängig von den Dingen objektiv Existierendes gehört schon dem vorwissenschaftlichen Denken an, nicht aber die Idee von der Existenz einer unendlichen Zahl von gegeneinander bewegten Räumen. Diese letztere Idee ist zwar logisch unvermeidlich, spielte aber selbst im wissenschaftlichen Denken lange keine erhebliche Rolle.

Wie steht es aber mit dem psychologischen Ursprung des Zeitbegriffes? Dieser Begriff hängt unzweifelhaft zusammen mit der Tatsache des „Sich-Erinnerns", sowie mit der Unterscheidung zwischen Sinnen-Erlebnissen und der Erinnerung an solche. An sich ist es fraglich, ob uns die Unterscheidung zwischen Sinnen-Erlebnis und Erinnerung (bzw. bloße Vorstellung) etwas psychologisch unmittelbar Gegebenes ist. Jeder hat erlebt, daß er im Zweifel war, ob er etwas sinnlich erlebt oder bloß geträumt hat. Wahrscheinlich kommt diese Unterscheidung erst als Akt des ordnenden Verstandes zustande.

Der „Erinnerung" wird ein Erlebnis zugeordnet, welches als „früher" betrachtet wird im Vergleich zu „gegenwärtigen Erlebnissen". Es ist dies ein begriffliches Ordnungsprinzip für (gedachte) Erlebnisse, dessen Durchführbarkeit Anlaß gibt zu dem subjektiven

Zeitbegriff, d.h. jenem Zeitbegriff, der sich auf die Ordnung der Erlebnisse des Individuums bezieht.

Objektivierung des Zeitbegriffes. Beispiel. Person *A* („ich") hat das Erlebnis „es blitzt". Person *A* erlebt dabei auch ein solches Verhalten der Person *B*, das das Verhalten von *B* mit dem eigenen Erlebnis „es blitzt" in Beziehung bringt. So kommt es dazu, daß *A* dem *B* das Erlebnis „es blitzt" zuordnet. Für Person *A* entsteht die Auffassung, daß an dem „es blitzt" auch andere Personen teilhaben. Das „es blitzt" wird nun nicht mehr als ausschließlich persönliches Erlebnis aufgefaßt, sondern als Erlebnis (oder endlich nur als „potentielles Erlebnis") anderer Personen. Es entsteht so die Auffassung, daß das „es blitzt", welches ursprünglich als „Erlebnis" seinen Einzug in das Bewußtsein hielt, nun auch als (objektives) „Ereignis" (event) aufgefaßt wird. Der Inbegriff aller Ereignisse aber ist es, was wir meinen, wenn wir von der „realen Außenwelt" sprechen.

Wir haben gesehen, daß wir uns dazu bewogen fühlen, den Erlebnissen eine zeitliche Ordnung zuzuschreiben von der Art: Wenn β später als α und γ später als β, so ist auch γ später als α (Reihenfolge der „Erlebnisse"). Wie steht es nun in dieser Hinsicht mit den Ereignissen, die wir den Erlebnissen zugeordnet haben? Am nächsten liegt es offenbar anzunehmen, daß eine zeitliche Ordnung der Ereignisse existiert, die mit der zeitlichen Ordnung der Erlebnisse übereinstimmt. Dies tat man auch allgemein und unbewußt, bis sich skeptische Bedenken geltend machten[26].

Um zu einer Objektivierung der Welt zu gelangen, bedarf es noch einer zusätzlichen konstruktiven Idee: Das event ist auch im Raume lokalisiert, nicht nur in der Zeit.

Im Vorstehenden haben wir zu schildern versucht, wie die Begriffe Raum, Zeit und event mit den Erlebnissen in psychologische Beziehung gesetzt werden können. Logisch betrachtet sind es freie

26 Zum Beispiel kann die auf akustischem Wege erlangte zeitliche Ordnung von Erlebnissen mit der visuell gewonnenen zeitlichen Ordnung differieren, so daß man die zeitliche Ordnung der Ereignisse mit der zeitlichen Ordnung der Erlebnisse nicht einfach identifizieren kann.

Schöpfungen der menschlichen Intelligenz, Werkzeuge des Denkens, die dazu dienen sollen, die Erlebnisse in Zusammenhang zu bringen und sie dadurch besser überschauen zu können. Der Versuch, sich der empirischen Quellen dieser Grundbegriffe bewußt zu werden, soll zeigen, inwieweit wir an diese Begriffe tatsächlich gebunden sind. Wir werden so unserer Freiheit bewußt, von der im Falle der Notwendigkeit einen vernünftigen Gebrauch zu machen, stets ein hartes Geschäft ist.

Zu dieser Skizze betreffend den psychologischen Ursprung der Begriffe Raum-Zeit-event (wir wollen sie kürzer „raumartig" nennen im Gegensatz zu Begriffen aus der psychologischen Sphäre) haben wir noch etwas Wesentliches nachzutragen. Wir haben den Raumbegriff an Erlebnisse an Schachteln und Anordnung von körperlichen Objekten in diesen angeknüpft. Diese Begriffsbildung setzt also schon den Begriff des körperlichen Objektes voraus (z.B. „Schachtel"). Ebenso spielen auch die Personen, welche für die Bildung eines objektiven Zeitbegriffes eingeführt werden mußten, in diesem Zusammenhang die Rolle von körperlichen Objekten. Es scheint mir deshalb, daß unseren Begriffen von Zeit und Raum die Bildung des Begriffes des körperlichen Objektes vorausgehen muß.

Diese raumartigen Begriffe gehören alle bereits dem vorwissenschaftlichen Denken an neben Begriffen aus der psychologischen Sphäre, wie Schmerz, Ziel, Zweck usw. Für das physikalische wie überhaupt naturwissenschaftliche Denken ist es nun charakteristisch, daß es im Prinzip mit den „raumartigen" Begriffen *allein* auszukommen trachtet und mit ihnen alle gesetzlichen Beziehungen auszudrücken strebt. Der Physiker sucht Farben und Töne auf Schwingungen zu reduzieren, der Physiologe Denken und Schmerz auf nervöse Prozesse, derart, daß das Psychische als solches aus dem Kausal-Nexus des Seienden eliminiert wird, also nirgends als selbständiges Bindeglied in den kausalen Zusammenhängen auftritt. Diese Einstellung, welche die Erfassung aller Zusammenhänge unter exklusiver Verwendung nur „raumartiger" Begriffe für im Prinzip möglich betrachtet, ist es wohl, was man gegenwärtig unter „Materialismus" versteht (nachdem „Materie" ihre Rolle als Fundamentalbegriff verloren hat).

Warum ist es nötig, die Grundbegriffe naturwissenschaftlichen Denkens aus den platonischen olympischen Gefilden herunterzuholen und zu versuchen, deren irdische Herkunft aufzudecken? Antwort: Um diese Begriffe von dem an ihnen haftenden Tabu zu befreien, und damit größere Freiheit in der Begriffsbildung zu erlangen. Diese kritische Besinnung eingeleitet zu haben, ist in erster Linie das unvergängliche Verdienst von D. Hume und E. Mach.

Die Wissenschaft hat die Begriffe Raum, Zeit, körperliches Objekt (mit dem wichtigen Spezialfall „fester Körper") aus dem vorwissenschaftlichen Denken übernommen, präzisiert und modifiziert. Ihre erste bedeutende Leistung war die Entwicklung der euklidischen Geometrie. Deren axiomatische Formulierung darf uns nicht über deren empirischen Ursprung (Lagerungsmöglichkeiten fester Körper) hinwegtäuschen. Empirischen Ursprungs ist im besonderen auch die Dreidimensionalität des Raumes sowie dessen euklidischer Charakter (er läßt sich lückenlos durch gleichbeschaffene „Kuben" ausfüllen).

Die Subtilität des Raumbegriffes wurde erhöht durch die Entdeckung, daß es keine völlig starren Körper gibt. Alle Körper sind elastisch deformierbar und ändern ihr Volumen bei Temperaturänderung. Die Gebilde, deren mögliche Lagerungen durch die euklidische Geometrie beschrieben werden sollen, lassen sich deshalb nicht losgelöst von dem Inhalte der Physik angeben. Da aber die Physik bei Festlegung ihrer Begriffe schon von der Geometrie Gebrauch machen muß, so läßt sich der empirische Gehalt der Geometrie nur im Rahmen der gesamten Physik angeben und prüfen.

In diesem Zusammenhange muß auch der Atomistik gedacht werden und ihrer Auffassung der endlichen Teilbarkeit. Denn Räume subatomistischer Ausdehnung lassen sich nicht ausmessen. Auch zwingt die Atomistik dazu, die Idee scharf und statisch definierter Begrenzungsflächen fester Körper im Prinzip aufzugeben. Dann gibt es strenggenommen keine selbständigen Gesetze für die Lagerungsmöglichkeiten fester Körper, selbst nicht im Makrogebiet.

Trotzdem dachte niemand daran, den Raumbegriff aufzugeben; denn er schien unentbehrlich in dem vortrefflich sich bewährenden Gesamtsystem der Naturwissenschaft. Mach war im

19. Jahrhundert der einzige, der ernsthaft an eine Elimination des Raumbegriffes dachte, indem er ihn durch den Begriff der Gesamtheit der gegenwärtigen Distanzen aller materiellen Punkte zu ersetzen suchte. (Er machte diesen Versuch, um zu einer befriedigenden Auffassung der Trägheit zu gelangen.)

Das Feld. In der NEWTONschen Mechanik spielen Raum und Zeit eine doppelte Rolle. Erstens als Träger bzw. Rahmen für das physikalische Geschehen, in bezug auf welchen die Ereignisse durch die Raum-Koordinaten und die Zeit beschrieben werden. Die Materie wird im Prinzip als aus „materiellen Punkten" bestehend gesucht, deren Bewegungen das physikalische Geschehen ausmachen. Wenn die Materie als kontinuierlich gedacht wird, so geschieht dies gewissermaßen als provisorisch in solchen Fällen, in denen man die diskrete Struktur nicht beschreiben will oder kann. In diesem Falle werden kleine Teile (Volumelemente) der Materie ähnlich behandelt wie materielle Punkte, wenigstens soweit es sich bloß um Bewegungen handelt und nicht um Vorgänge, deren Zurückführung auf Bewegungen einstweilen nicht möglich oder nicht zweckmäßig war (z.B. Temperaturänderungen, chemische Vorgänge). Die zweite Rolle von Raum und Zeit war die als „Inertialsystem". Inertialsysteme waren von allen denkbaren Bezugssystemen dadurch bevorzugt gedacht, daß in bezug auf sie der Trägheitssatz Gültigkeit beanspruchte.

Das Wesentliche ist dabei, daß das unabhängig von den erlebenden Subjekten gedachte „physikalisch Reale" als aus Raum und Zeit einerseits und aus, mit Bezug auf diese, bewegten dauernd existierenden materiellen Punkten andererseits aufgefaßt wurde – wenigstens im Prinzip. Die Idee der unabhängigen Existenz von Raum und Zeit kann man drastisch so aussprechen: Wenn die Materie verschwände, so würden Raum und Zeit allein übrig bleiben (als eine Art Bühne für physikalisches Geschehen).

Die Überwindung dieses Standpunktes hat sich aus einer Entwicklung ergeben, die zunächst mit dem Raum-Zeit-Problem nichts zu tun zu haben schien – das Auftreten des *Feldbegriffes* und dessen schließlichen Anspruch, den Partikelbegriff (materiellen Punkt) im Prinzip zu ersetzen. Im Rahmen der klassischen Physik stellte sich der Feldbegriff als Hilfsbegriff ein, in Fällen, in denen man die Materie als Kontinuum behandelte. Bei der Betrachtung der Wärmeleitung in einem festen Körper z.B. wird der Zustand dadurch beschrieben, daß in jedem Punkte des Körpers für jede bestimmte Zeit die Temperatur angegeben wird. Mathematisch bedeutet dies: die Temperatur T wird als mathematischer Ausdruck (Funktion) der räumlichen Koordination mit der Zeit t dargestellt (Temperaturfeld). Das Gesetz der Wärmeleitung wird als eine lokale Beziehung (Differentialgleichung) dargestellt, welche alle Sonderfälle der Wärmeleitung umfaßt. Die Temperatur ist hier ein einfaches Beispiel für den Begriff des Feldes. Es ist dies eine Größe (oder ein Komplex von Größen), welche Funktion der Koordinaten und der Zeit ist. Ein anderes Beispiel ist die Beschreibung der Bewegung einer Flüssigkeit. In jedem Punkte gibt es zu jeder Zeit eine Geschwindigkeit, die durch ihre drei „Komponenten" in bezug auf die Achsen eines Koordinatensystems quantitativ beschrieben wird (Vektor). Die Komponenten der Geschwindigkeit in einem Punkte (Feldkomponenten) sind auch hier Funktionen von Koordinaten ($x\ y\ z$) und Zeit (t).

Für die genannten Felder ist es charakteristisch, daß sie nur im Innern einer ponderablen Masse auftreten; sie wollen nur einen Zustand dieser Materie beschreiben. Wo keine Materie vorhanden war, da konnte – gemäß der Entstehungsgeschichte des Feldbegriffes – auch kein Feld existieren. Nun zeigte es sich aber im ersten Viertel des 19. Jahrhunderts, daß die Interferenz- und Beugungserscheinungen des Lichtes sich mit erstaunlicher Schärfe erklären ließen, wenn man das Licht als ein Wellenfeld auffaßte, das dem mechanischen Schwingungsfelde in einem elastischen festen Körper völlig analog war. So fühlte man sich dazu genötigt, ein Feld einzuführen, das auch in der Abwesenheit ponderabler Materie im leeren Raume existieren konnte.

Diese Sachlage schuf eine paradoxe Situation, weil der Feldbegriff gemäß seinem Ursprung darauf beschränkt schien, Zustände im Innern eines ponderablen Körpers zu beschreiben. Dies schien um so sicherer zu sein, als man davon überzeugt war, daß jegliches Feld als mechanisch interpretierbarer Zustand aufzufassen sei, was die Anwesenheit von Materie voraussetzte. So fühlte man sich gezwungen, auch in dem bisher als leer aufgefaßten Raume überall die Existenz einer Materie anzunehmen, die man „Äther" nannte.

Die Emanzipation des Feldbegriffes von der Annahme der Setzung eines materiellen Trägers gehört zu den psychologisch interessantesten Vorgängen in der Entwicklung des physikalischen Denkens. In der zweiten Hälfte des 19. Jahrhunderts wurde es im Anschluß an FARADAYS und MAXWELLS Forschungen immer klarer, daß die feldartige Beschreibung der elektromagnetischen Vorgänge einer Behandlung auf der Basis punktmechanischer Begriffe weit überlegen war. Durch die Einführung des Feldbegriffes in die Elektrodynamik gelang es MAXWELL, die Existenz elektromagnetischer Wellen vorauszusagen, deren prinzipielle Identität mit den Lichtwellen schon wegen der Gleichheit der Fortpflanzungsgeschwindigkeit nicht zu bezweifeln war. Dadurch wurde die Optik im Prinzip von der Elektrodynamik absorbiert. *Eine* psychologische Wirkung dieses gewaltigen Erfolges war die, daß der Feldbegriff gegenüber dem mechanistischen Rahmen der klassischen Physik allmählich größere Selbständigkeit gewann.

Aber dennoch war zunächst als selbstverständlich angenommen, daß die elektromagnetischen Felder als Zustände des Äthers gedeutet werden müssen, und man suchte mit großem Eifer diese Zustände als mechanische zu erklären. Erst als diese Bemühungen stets scheiterten, gewöhnte man sich langsam daran, auf solche mechanische Interpretation zu verzichten. Immer noch haftete jedoch die Überzeugung, daß die elektromagnetischen Felder Zustände des Äthers seien; so stand es um die Jahrhundertwende.

Die Äthertheorie brachte die Frage mit sich: Wie verhält sich der Äther in mechanischer Beziehung zu den ponderablen Körpern? Nimmt er an den Bewegungen der Körper teil oder ruhen seine Teile relativ zueinander? Viele geistreiche Experimente wurden zur Entscheidung dieser Frage unternommen. Als in diesem Zusammenhange wichtige Tatsachen kamen auch in Betracht die Aberration der Fixsterne infolge der jährlichen Bewegung der Erde sowie der „DOPPLER-Effekt" (Einfluß der Relativbewegung der Fixsterne auf die Frequenz des zu uns gelangenden Lichtes von bekannter Emissionsfrequenz). Die Ergebnisse dieser Tatsachen und Experimente (bis auf eines, das MICHELSON-MORLEY-Experiment) erklärte H. A. LORENTZ unter der Annahme, daß der Äther an den Bewegungen der ponderablen Körper nicht teilnimmt, und daß die Teile des Äthers überhaupt keine Relativbewegungen zueinander haben. Der Äther erschien so gewissermaßen als die Verkörperung eines absolut ruhenden Raumes. Die LORENTZsche Untersuchung leistete aber noch mehr. Sie erklärte die damals bekannten elektromagnetischen und optischen Vorgänge im Innern ponderabler Körper unter der Annahme, daß der Einfluß der ponderablen Materie auf das elektrische Feld (und umgekehrt) nur darauf zurückzuführen sei, daß die Teilchen der Materie elektrische Ladungen tragen, die an der Bewegung der Teilchen teilnehmen. Betreffend den Versuch von MICHELSON und MORLEY zeigte H. A. LORENTZ, daß dessen Ergebnis wenigstens nicht im Widerspruch sei mit der Theorie des ruhenden Äthers.

Trotz aller dieser schönen Erfolge war der Stand der Theorie doch nicht voll befriedigend, und zwar aus folgendem Grunde. Die klassische Mechanik, von der doch nicht bezweifelt werden konnte, daß sie mit großer Näherung gilt, lehrt die Gleichwertigkeit aller Inertialsysteme (bzw. Intertialräume) für die Formulierung der Naturgesetze (Invarianz der Naturgesetze in bezug auf den Übergang von einem Inertialsystem auf ein anderes). Die elektromagnetischen und optischen *Experimente* lehrten dasselbe mit erheblicher Genauigkeit. Aber das Fundament der elektromagnetischen *Theorie* lehrte die Bevorzugung eines besonderen Inertialsystems, nämlich das des ruhenden Lichtäthers. Diese Auffassung des theoretischen Fundamentes war gar zu unbefriedigend. Gab es keine Modifikation des letzteren, welche – wie die klassische Mechanik – der Gleichwertigkeit der Inertialsysteme (spezielles Relativitätsprinzip) gerecht wird?

Die Antwort auf diese Frage ist die spezielle Relativitätstheorie. Diese übernimmt von der MAXWELL-LORENTZschen Theorie die Voraussetzung der Konstanz der Lichtgeschwindigkeit im leeren Raum. Um diese mit der Gleichwertigkeit der Inertialsysteme (spezielles Relativitätsprinzip) in Einklang zu bringen, muß der absolute Charakter der Gleichzeitigkeit aufgegeben werden; außerdem folgen die LORENTZ-Transformationen für die Zeit und die Raum-Koordinaten für den Übergang von einem Inertialsystem zu einem andern. Der ganze Inhalt der speziellen Relativitätstheorie ist in dem Postulat eingeschlossen: Die Naturgesetze sind invariant in bezug auf die LORENTZ-Transformationen. Das Wichtige dieser Forderung liegt darin, daß sie die möglichen Naturgesetze in bestimmter Weise einschränkt.

Wie steht die spezielle Relativitätstheorie zum Raumproblem? Zuerst muß man sich vor der Meinung hüten, daß die Vierdimensionalität der Realität durch diese Theorie erst neu eingeführt worden sei. Auch in der klassischen Mechanik ist das Ereignis (event) durch vier Zahlen lokalisiert, nämlich durch drei räumliche Koordinaten und eine zeitliche Koordinate; die Gesamtheit der physikalischen „events" ist also als in eine vierdimensionale kontinuierliche Mannigfaltigkeit eingebettet gedacht. Aber gemäß der klassischen Mechanik zerfällt dieses vierdimensionale Kontinuum objektiv in die eindimensionale Zeit und in dreidimensionale räumliche Schnitte, welch letztere nur gleichzeitige events enthalten. Dieser Zerfall ist für alle Inertialsysteme derselbe. Die Gleichzeitigkeit zweier bestimmter events in bezug auf ein Inertialsystem involviert die Gleichzeitigkeit dieser events in bezug auf alle Inertialsysteme. Dies ist gemeint, wenn man sagt, die Zeit der klassischen Mechanik ist absolut. Gemäß der speziellen Relativitätstheorie ist es anders. Der Inbegriff der events, welche mit einem ins Auge gefaßten event gleichzeitig sind, existiert zwar in bezug auf ein bestimmtes Inertialsystem, aber nicht mehr unabhängig von der Wahl des Inertialsystems. Das vierdimensionale Kontinuum zerfällt nun nicht mehr objektiv in Schnitte, welche alle gleichzeitigen events enthalten; das „Jetzt" verliert für die räumlich ausgedehnte Welt seine objektive Bedeutung. Damit hängt es zusammen, daß man Raum und Zeit objektiv unauflösbar als vierdimensionales Kontinuum auffassen muß, wenn man den Inhalt der objektiven Beziehungen ohne entbehrliche konventionelle Willkür ausdrücken will.

Indem die spezielle Relativitätstheorie die physikalische Gleichwertigkeit aller Inertialsysteme aufzeigte, erwies sie die Unhaltbarkeit der Hypothese des ruhenden Äthers. Man mußte daher auf die Idee verzichten, daß das elektromagnetische Feld als Zustand eines materiellen Trägers aufzufassen sei. Das Feld wird damit zu einem irreduziblen Element der physikalischen Beschreibung, irreduzibel in demselben Sinne wie der Begriff der Materie in der NEWTONschen Theorie.

Bis hierher haben wir unsere Aufmerksamkeit darauf gerichtet, inwiefern die Begriffe Raum und Zeit durch die spezielle Relativitätstheorie modifiziert wurden. Nun aber wollen wir jene Elemente ins Auge fassen, welche diese Theorie von der klassischen Mechanik genommen haben. Auch hier beanspruchen die Naturgesetze nur dann Geltung, wenn der raum-zeitlichen Beschreibung ein Inertialsystem zugrunde gelegt wird. Nur in bezug auf ein *Inertialsystem* soll das Trägheitsprinzip und das Prinzip von der Konstanz der Lichtgeschwindigkeit gelten. Auch die Feldgesetze beanspruchen Sinn und Geltung nur in bezug auf Inertialsysteme. Wie in der klassischen Mechanik ist also auch hier der Raum eine selbständige Komponente der Darstellung des physikalischen Realen. Der (Inertial-)Raum – oder genauer gesagt, dieser Raum zusammen mit der zugehörigen Zeit – bleibt übrig, wenn man Materie und Feld weggenommen denkt. Dies vierdimensionale Gebilde (MINKOWSKI-Raum) ist als Träger der Materie und des Feldes gedacht. Die Inertialräume mit ihren zugehörigen Zeiten sind nur privilegierte vierdimensionale Koordinatensysteme, die miteinander durch die linearen LORENTZ-Transformationen verknüpft sind. Da es in diesem vierdimensionalen Gebilde keine Schnitte mehr gibt, welche das „Jetzt" objektiv repräsentieren, wird der Begriff des Geschehens und Werdens zwar nicht völlig aufgehoben, aber doch kompliziert. Es erscheint deshalb natürlicher, das physikalisch Reale als ein vierdimensionales Sein zu denken statt wie bisher als das *Werden* eines dreidimensionalen Seins.

Dieser starre vierdimensionale Raum der speziellen Relativitätstheorie ist gewissermaßen ein vierdimensionales Analogon des H. A. LORENTZschen starren dreidimensionalen Äthers. Auch für diese Theorie gilt die Aussage: Die Beschreibung der physikalischen Zustände setzt den Raum als von vornherein gegeben und als unabhängig existierend voraus. Auch diese Theorie beseitigt also nicht

DESCARTES' Unbehagen betreffend die selbständige, ja sogar A-priori-Existenz des „leeren Raumes". Inwiefern dieses Bedenken durch die allgemeine Relativitätstheorie überwunden wird, dies zu zeigen, ist das eigentliche Ziel der hier gegebenen elementaren Überlegungen.

Der Raumbegriff in der allgemeinen Relativitätstheorie. Diese Theorie ist in erster Linie aus der Bestrebung hervorgegangen, die Gleichheit der trägen und schweren Masse zu begreifen. Man geht aus von einem Inertialsystem S_1, dessen Raum physikalisch leer ist. Das heißt, es existiere in dem ins Auge gefaßten Teil des Raumes weder Materie (im üblichen Sinne) noch ein Feld im Sinne der speziellen Relativitätstheorie. Mit Bezug auf S_1 sei ein zweites Bezugssystem S_2 gleichförmig beschleunigt. S_2 ist dann also kein Inertialsystem. In bezug auf S_2 würde sich jede Probemasse beschleunigt bewegen, und zwar unabhängig von ihrer physikalischen und chemischen Beschaffenheit. In bezug auf S_2 besteht also ein Zustand, den man – wenigstens in erster Näherung – von einem Gravitationsfelde nicht unterscheiden kann. Mit dem wahrnehmbaren Tatbestand ist also die Auffassung vereinbar: Auch S_2 ist gleichwertig mit einem „Inertialsystem"; es ist aber in bezug auf S_2 ein (homogenes) Gravitationsfeld vorhanden (um dessen Ursprung man sich in diesem Zusammenhang nicht kümmert). Wenn man also das Gravitationsfeld in den Rahmen der Betrachtung einbezieht, so verliert das Inertialsystem seine objektive Bedeutung, vorausgesetzt, daß dieses „Äquivalenzprinzip" auf beliebige Relativbewegung der Bezugssysteme ausgedehnt werden kann. Wenn es möglich ist, auf diesen Grundgedanken eine konsistente Theorie zu gründen, so genügt sie von selbst der empirisch stark begründeten Tatsache der Gleichheit der trägen und schweren Masse.

Vierdimensional betrachtet entspricht dem Übergang von S_1 zu S_2 eine nichtlineare Transformation der vier Koordinaten. Es entsteht nun die Frage: Was für nichtlineare Transformationen soll man zulassen bzw. wie ist die LORENTZ-Transformation zu verallgemeinern? Für die Beantwortung dieser Frage ist folgende Überlegung maßgebend.

Dem Inertialsystem der früheren Theorien wird die Eigenschaft zugeschrieben: Koordinatendifferenzen werden durch (ruhende) „starre" Maßstäbe gemessen. Zeitdifferenzen durch (ruhende)

Uhren. Die erste Annahme wird ergänzt durch die Annahme, daß für die relativen Lagerungsmöglichkeiten ruhender Maßstäbe die Sätze der „Strecken“ der euklidischen Geometrie gelten. Aus den Ergebnissen der speziellen Relativitätstheorie folgert man dann durch elementare Betrachtungen, daß diese unmittelbare physikalische Deutung der Koordinaten für relative zu Inertialsystemen (S_1) beschleunigte Bezugssysteme (S_2) verlorengeht. Ist dies aber der Fall, so drücken die Koordinaten nur mehr die Ordnung des „Nebeneinander“ (und damit auch den Dimensionsgrad des Raumes) aus, aber keine metrischen Eigenschaften des Raumes. Man kommt so dazu, die Transformationen auf beliebige stetige Transformationen[27] auszudehnen. Dies impliziert das allgemeine Relativitätsprinzip. Die Naturgesetze müssen kovariant sein in bezug auf beliebige kontinuierliche Transformationen der Koordinaten. Diese Forderung (in Verbindung mit der Forderung möglichster logischer Einfachheit der Gesetze) schränkt die in Betracht kommenden Naturgesetze unvergleichlich stärker ein als das spezielle Relativitätsprinzip.

Dieser Gedankengang ist wesentlich auf das Feld als selbständigen Begriff gegründet. Denn die in bezug auf S_2 obwaltenden Verhältnisse werden als Gravitationsfeld gedeutet, ohne daß die Frage nach der Existenz von Massen aufgeworfen wird, welche dieses Feld erzeugen. Dieser Gedankengang läßt es auch begreifen, warum die Gesetze des reinen Gravitationsfeldes unmittelbarer mit der Idee der allgemeinen Relativität verknüpft sind als die Gesetze für die Felder allgemeiner Art (wenn z.B. ein elektromagnetisches Feld vorhanden ist). Wir haben nämlich guten Grund zu der Annahme, daß der „feldfreie“ MINKOWSKI-Raum einen naturgesetzlich möglichen Sonderfall darstellt, und zwar den denkbar einfachsten Sonderfall. Ein solcher Raum ist bezüglich seiner metrischen Eigenschaft dadurch charakterisiert, daß $dx_1^2 + dx_2^2 + dx_3^2$ das Quadrat des mit einem Einheitsmaß gemessenen räumlichen Abstandes zweier infinitesimal benachbarter Punkte eines dreidimensionalen raumartigen Querschnittes ist (PYTHAGOREIscher Satz), während dx_4 der mit geeignetem Zeitmaß gemessene zeitliche Abstand zweier Ereignisse

27 Diese nicht exakte Ausdrucksweise mag hier genügen.

mit gemeinsamen (x_1, x_2, x_3) ist. Dies zusammen kommt – wie mit Hilfe der Lorentz-Transformationen leicht zu zeigen ist – darauf hinaus, daß der Größe

$$ds^2 = dx_1^2 + dx_2^2 + dx_3^2 - dx_4^2 \qquad (1)$$

eine objektive metrische Bedeutung zukommt. Mathematisch entspricht dieser Tatsache der Umstand, daß ds^2 in bezug auf Lorentz-Transformationen invariant ist.

Unterwirft man nun diesen Raum im Sinne des allgemeinen Relativitätsprinzips einer beliebigen stetigen Transformation der Koordinaten, so drückt sich die objektiv sinnvolle Größe im neuen Koordinatensystem durch die Beziehung aus

$$ds^2 = g_{ik}\, dx_i\, dx_k \,, \qquad (1a)$$

wobei über die Indices i und k über alle Kombinationen 11, 12, ... bis 44 zu summieren ist. Die g_{ik} sind aber nun nicht Konstante, sondern Funktionen der Koordinaten, welche durch die willkürlich gewählte Transformation bestimmt sind. Trotzdem sind die g_{ik} nicht willkürliche Funktionen der neuen Koordinaten, sondern eben solche Funktionen, daß die Form (1a) durch eine stetige Transformation der vier Koordinaten wieder in die Form (1) zurücktransformiert werden kann. Damit dies möglich sei, müssen die Funktionen g_{ik} gewisse allgemein kovariante Bedingungsgleichungen erfüllen, welche B. Riemann mehr als ein halbes Jahrhundert vor Aufstellung der allgemeinen Relativitätstheorie abgeleitet hat („Riemann-Bedingung"). Nach dem Äquivalenzprinzip beschreibt (1a) in allgemein kovarianter Form ein Gravitationsfeld spezieller Art, wenn die g_{ik} die Riemann-Bedingung erfüllen.

Das Gesetz für das reine Gravitationsfeld allgemeiner Art muß also folgende Bedingungen erfüllen. Es muß erfüllt sein, wenn die Riemann-Bedingung erfüllt ist; es muß aber schwächer sein, also weniger einschränken, als die Riemann-Bedingung. Dadurch ist das Feldgesetz der reinen Gravitation praktisch vollständig bestimmt, was hier nicht näher begründet werden soll.

Nun sind wir vorbereitet zu sehen, inwiefern der Übergang zur allgemeinen Relativitätstheorie den Raumbegriff modifiziert. Gemäß der klassischen Mechanik und gemäß der speziellen Relativitätstheorie hat der Raum (Raum – Zeit) eine selbständige Existenz gegenüber Materie bzw. Feld. Um das Raum-Erfüllende, von den Koordinaten Abhängige, überhaupt beschreiben zu können, muß Raum – Zeit bzw. das Inertialsystem mit seinen metrischen Eigenschaften schon von vornherein als vorhanden gedacht werden, weil sonst die Beschreibung des „Raum-Erfüllenden" nicht sinnvoll wäre[28]. Gemäß der allgemeinen Relativitätstheorie dagegen hat der Raum gegenüber dem „Raum-Erfüllenden", von den Koordinaten Abhängigen, keine Sonderexistenz. Man habe z.B. ein reines Gravitationsfeld durch die g_{ik} (als Funktionen der Koordinaten) beschrieben durch Lösung der Gravitationsgleichungen. Wenn man das Gravitationsfeld, d.h. die Funktionen g_{ik} weggenommen denkt, so bleibt nicht etwa ein Raum vom Typus (1), sondern überhaupt *nichts* übrig, auch kein „topologischer Raum". Denn die Funktionen g_{ik} beschreiben nicht nur das Feld, sondern gleichzeitig auch die topologische und metrische Struktur-Eigenschaften der Mannigfaltigkeit. Ein Raum vom Typus (1) ist im Sinne der allgemeinen Relativitätstheorie nicht etwa ein Raum ohne Feld, sondern ein Spezialfall des g_{ik}-Feldes, für welchen die g_{ik} (für das verwendete Koordinatensystem, das an sich keine objektive Bedeutung hat) Werte haben, die nicht von den Koordinaten abhängen; einen leeren Raum, d.h. einen Raum ohne Feld, gibt es nicht.

DESCARTES hatte demnach nicht so unrecht, wenn er die Existenz eines leeren Raumes ausschließen zu müssen glaubte. Die Meinung erscheint zwar absurd, solange man das physikalische Reale ausschließlich in den ponderablen Körpern sieht. Erst die Idee des Feldes als Darsteller des Realen in Verbindung mit dem allgemeinen Relativitätsprinzip zeigt den wahren Kern von DESCARTES' Idee: es gibt keinen „feld-leeren" Raum.

Verallgemeinerte Gravitationstheorie. Die Theorie des reinen Gravitationsfeldes auf dem Boden der allgemeinen Relativitäts-

28 Denkt man das Raum-Erfüllende (z.B. das Feld) weggenommen, so bleibt immer noch der metrische Raum gemäß (1) übrig, der auch für das Trägheits-Verhalten eines in ihn gebrachten Probekörpers bestimmend wäre.

theorie ist darum leicht zugänglich, weil wir darauf vertrauen dürfen, daß der „feldfreie“ MINKOWSKI-Raum mit der Metrik gemäß (1) den allgemeinen Feldgesetzen entsprechen muß. Aus diesem Sonderfall folgt das Gravitationsgesetz durch eine so gut wie keine Willkür enthaltende Verallgemeinerung. Die weitere Entwicklung der Theorie ist durch das allgemeine Relativitätsprinzip nicht so eindeutig bestimmt; sie ist in den letzten Jahrzehnten in verschiedenen Richtungen versucht worden. Allen diesen Versuchen gemeinsam ist es, das Physikalisch-Reale als Feld aufzufassen, wobei dies Feld eine Verallgemeinerung des Gravitationsfeldes, das Feldgesetz eine Verallgemeinerung des Gesetzes für das reine Gravitationsfeld ist. Ich glaube nun, nach langem Tasten die natürlichste Form für diese Verallgemeinerung gefunden zu haben[29], war aber bisher nicht imstande herauszufinden, ob dies verallgemeinerte Gesetz den Erfahrungstatsachen gegenüber standhält.

Für die vorstehende allgemeine Betrachtung ist die Frage nach dem besonderen Feldgesetz sekundär. Die Hauptfrage ist gegenwärtig, ob eine Feldtheorie von der hier ins Auge gefaßten Art überhaupt zum Ziele führen kann. Es ist damit eine Theorie gemeint, welche das Physikalisch-Reale (mit Einschluß des vierdimensionalen Raumes) durch ein Feld erschöpfend beschreibt. Die gegenwärtige Physiker-Generation ist geneigt, diese Frage mit Nein zu beantworten; sie glaubt im Anschluß an die gegenwärtige Form der Quantentheorie, daß der Zustand eines Systems nicht direkt, sondern nur indirekt durch Angabe der Statistik der an dem System erzielbaren Meßresultate charakterisiert werden kann; es ist die Überzeugung vorherrschend, daß die experimentell gesicherte Doppelnatur (Korpuskulare und Wellenstruktur) nur durch solche Abschwächung

29 Die Verallgemeinerung kann man wie folgt charakterisieren. Das reine Gravitationsfeld der g_{ik} hat gemäß seiner Herleitung aus dem leeren „MINKOWSKI-Raum“ die Symmetrie-Eigenschaft $g_{ik} = g_{ki}$ ($g_{12} = g_{21}$ usw.). Das verallgemeinerte Feld ist von derselben Art, aber ohne die genannte Symmetrie-Eigenschaft. Die Ableitung des Feldgesetzes ist der des Spezialfalles der reinen Gravitation völlig analog.

des Realitätsbegriffes erzielbar sei. Ich denke, daß ein so weitgehender theoretischer Verzicht durch unser tatsächliches Wissen einstweilen nicht begründet ist und daß man sich nicht davon abhalten lassen soll, den Weg der relativistischen Feldtheorie zu Ende zu denken.

Namen- und Sachwortverzeichnis

Facetten der Physik

begründet von Prof. Dr. Roman U. Sexl

Band 1 Weber/Mendoza, Kabinett physikalischer Raritäten

Es ist verblüffend zu lesen, wieviel Witz, Humor und Schalk in der Physik und in den Physikern steckt, wenn man ihnen einmal im Kabinett des freischöpferischen Gedankenfluges begegnet, und nicht wie üblich im Labor, im Hörsaal oder im Lehrbuch. Physikalische Beiträge über die „Trägheit eines Besenstiels" oder über das Problem des „rotierenden Hundes" sind rar. Jeder, dem die Zeit nicht zu schade ist, in aller wissenschaftlichen Strenge mit-, nach- und weiterzudenken und dabei immer auch über die ernste Wissenschaft hinauszudenken, sei zu einem Lesebesuch in diesem „Kabinett" eingeladen.

(Neue Osnabrücker Zeitung)

Band 2 Boltzmann, Populäre Schriften

(vergriffen)

Band 3 Marder, Reisen durch die Raum-Zeit

L. Marder legt mit dem Buch „Reisen durch die Raum-Zeit" eine unmittelbar verständliche und mit vielen Abbildungen illustrierte Zusammenstellung der wichtigsten Streitfragen vor. Er schreibt vor dem Hintergrund einer emotional aufgeladenen Auseinandersetzung – haben doch einige, sogar bedeutende Wissenschaftler behauptet, Einstein wäre in seiner Relativitätstheorie ein gravierender Fehler unterlaufen. Bei der zunehmend praktischen Bedeutung, die die Zeitdilatation in der Physik gewinnt, ist dieser Überblick besonders wichtig, zumal der Autor die Facetten des Problems in einem größeren Zusammenhang behandelt.

Band 4 Gamov, Mr. Tompkins' seltsame Reisen durch Kosmos und Mikrokosmos

Die Lektüre der insgesamt fünfzehn Kapitel über die erlebten Träume des Mr. Tompkins in seinem Versuch, moderne Wissenschaft zu verstehen, ist ein Hochgenuß, hauptsächlich wegen der überraschenden Geistesblitze, die dem Autor – einem in die Physikgeschichte eingegangenen Wissenschaftler – eingefallen sind.

Dabei hatte es Gamov sehr schwer, diese Nicht-Science-Fiction-Geschichten an den Mann zu bringen. Er schrieb die ersten im Jahre 1938, und erst nach mehreren Mißerfolgen nahm das populärwissenschaftliche Magazin „Discovery" diese Geschichten auf Rat des Enkels von Charles Darwin auf. Schon nach dem Eingang der ersten Geschichte schrieb der Herausgeber an Gamov: „Schicken Sie mehr."

(Bild der Wissenschaft)

Band 5 Kuhn, Die Kopernikanische Revolution

Band 6 Voigt, Physicalischer Zeit-Vertreiber

Mit einem Faksimile-Druck weist der Verlag nach, daß populärwissenschaftliche Sach-Literatur keine Erfindung unserer Zeit ist. Geändert hat sich aber ihr Publikum.
Damals brach die Wissenschaft gerade auf, das geozentrische Weltbild des Ptolemäus zu widerlegen; Galilei kam in Schwung, Newtons Gesetze aber waren noch nicht festgeschrieben. So suchten die am Umbruch der Wissenschaft interessierten Kreise in der altgriechischen Atomistik Zuflucht – und daraus resultierte eine Flut von physikalischen Erkenntnissen, die Autoren wie Voigt mit eleganter Sprache unter das bildungshungrige Volk brachten.
Es sind amüsant (im Deutsch jener Zeit) zu lesende, kurze Abhandlungen, die mit der Frage „Warumb" beginnen und allerlei Erscheinungen erläutern. Warum können Betrunkene nicht gut sehen? Warum sind kleingeratene Leute so böse (weil die Galle nicht genug Platz hat in ihrem kleinen Leib, sondern den Verstand angreift), und warum gehen die Läuse erst vom Menschen, wenn er stirbt? Und warum sind die Mohren so schwarz?

(Gießener Anzeiger)

Band 7 Ziman, Wie zuverlässig ist wissenschaftliche Erkenntnis?

Band 8 Schilpp (Hrsg.), Albert Einstein als Philosoph und Naturforscher – Eine Auswahl

Dieser Band enthält eine Auswahl der wichtigsten Beiträge aus dem wenige Wochen nach dem Tode Albert Einsteins im Jahre 1955 erschienenen Buch „Albert Einstein als Philosoph und Naturforscher", herausgegeben von Paul Arthur Schilpp. Dieses Buch wurde zu einem Klassiker der Einstein-Literatur. Einsteins einzige Autobiographie ist darin zu finden, ebenso seine Antwort auf die Kritiken und Beiträge führender Physiker und Philosophen. De Broglie, Pauli, Bohr, Reichenbach, von Laue, Gödel u.a. zeigen, in welchem Maße Einstein das Weltbild der Naturwissenschaften erschüttert hat.

Band 9 Born, Physik im Wandel meiner Zeit

Die „populären Schriften" des größten Physikers und eines der bedeutendsten Philosophen und Moralisten unseres Jahrhunderts gehören in die Privatbibliothek eines jeden Naturforschers.

(Physikalische Blätter)

Band 10 Sellerie, die Debatte um die Quantentheorie

Die Quantentheorie nimmt keineswegs eine philosophisch neutrale Stellung ein – im Gegenteil: Sie führt zu Vorhersagen, die im Widerspruch zu einigen als selbstverständlich erscheinenden Auffassungen der physikalischen Realität stehen; unsere Sichtweise der Realität muß überdacht werden, wenn die Quantentheorie wahr ist.
Grundsätzliche Unterschiede in der philosophischen Haltung führen zu einer Kontroverse um die Quantentheorie, die zwischen den Befürwortern (wie Bohr, Heisenberg und Born) und ihren Gegnern (wie Einstein, Planck und de Broglie) entstand. Nicht zuletzt durch neue, zum Teil bis an die Grenzen der herkömmlichen Physik stoßende Experimente lebte die Debatte wieder auf – weitreichende philosophische Konsequenzen deuten sich an.

Band 11 Baumann/Sexl, Die Deutungen der Quantentheorie

In diesem Band der Reihe „Facetten der Physik" geben die Autoren einen Überblick über die verschiedenen Ansätze, die zur Deutung der Quantenmechanik in den letzten fünfzig Jahren gemacht wurden. Den Hauptteil des Buches bilden zwölf Originalartikel, die hier zum Teil erstmals in deutscher Sprache wiedergegeben werden.

Band 12 Forman/von Meyenn, Quantenmechanik und Weimarer Republik

(in Vorbereitung)

Band 13 Lichtenberg, Aphoristisches zwischen Physik und Dichtung

Band 14 Fraunberger/Teichmann, Das Experiment in der Physik

In der Tat bietet der Band genügend Stoff, um über das Wechselspiel Hypothese – Experiment nachzudenken. Aber man kann auch mit tiefer gehängten Ansprüchen an dieses Buch herangehen; man kann ganz einfach darin schmökern, sich durch die vielen Abbildungen einfangen und zum Weiterlesen verführen lassen.

Text und Illustrationen sind so allgemeinverständlich, daß der naturwissenschaftlich interessierte Laie nicht überfordert wird. Sie sind aber zugleich so präzise, daß es auch dem Physiker Vergnügen bereiten wird, die Anfänge seines Fachgebietes nachzuerleben.

(Süddeutscher Rundfunk, Wissenschaftsredaktion)

Band 15 Pauli, Physik und Erkenntnistheorie

Band 16 Schroeer, Physik verändert die Welt? Die gesellschaftliche Dimension der Naturwissenschaft

Band 17 Franks, Polywasser. Betrug oder Irrtum in der Wissenschaft?

Band 18 Trigg, Experimente der modernen Physik. Schritte zur Quantenphysik

Band 19 Holton, Themata. Zur Ideengeschichte der Physik

Neue wissenschaftliche Theorien werden erst nach einer ausführlichen Wertung und Bestätigung durch die wissenschaftliche Fachwelt anerkannt. Bis vor kurzem betrachtete man diesen Bestätigungsprozeß als durch rein objektive Kriterien determiniert, während die Entstehung neuer Theorien, also der eigentlich kreative Anteil der Wissenschaft, einer rationalen Analyse unzugänglich erschien.
In diesem Buch widerlegt Prof. Gerald Holton diese Ansicht und zeigt auf, wie Phantasie und Kreativität die Entstehung einer neuen wissenschaftlichen Theorie beeinflußt. Über Erfolg oder Mißerfolg der Forschung entscheiden oft bewußte oder unbewußte Annahmen, Vorurteile und Traditionen. Diese „Themata" sind auch für die allgemeine Anerkennung oder die kontroverse Natur eines Ergebnisses ausschlaggebend. Damit verbinden sich öffentliche Bestätigung und individueller Schöpfungsprozeß in der Wissenschaft, wie hier an den Arbeiten von Kepler, Einstein, Heisenberg und Oppenheimer gezeigt wird.

Band 20 Bohr, Atomphysik und menschliche Erkenntnis

Band 21 Weber, Kammerphysikalische Kostbarkeiten

Das Buch bietet Abhandlungen, Kurzbeiträge, Aphorismen, Anekdoten und Karikaturen in Prosa, Poesie und Bild zum Generalthema Physik. Jeder allgemein gebildete Leser wird darin Kurzweil finden und verblüfft sein, wieviel Humor in der Physik steckt.

Band 22 Saunders, Katastrophentheorie. Eine Einführung für Naturwissenschaftler

In der Natur laufen keineswegs nur stetige Prozesse ab – Wellen brechen, Brücken stürzen ein, Zellen teilen sich; man denke auch an die Bildung unterschiedlicher Gewebe im Verlauf der Embryonalentwicklung. Allen diesen Beispielen ist gemein, daß plötzliche, sprunghafte Änderungen – Diskontinuitäten – auftreten; der französische Mathematiker René Thom nannte sie „Katastrophen".

Dieses Buch führt in die Grundlagen der Katastrophentheorie ein und stellt eine Reihe von Anwendungen vor. Das Spektrum dieser Anwendungen reicht von der Physik bis hin zur Biologie und den Sozialwissenschaften.

Band 23 Aichelburg (Hrsg.), Zeit im Wandel der Zeit

Was ist „Zeit"? Kann die Zeit rückwärts laufen? – Fragen dieser Art beschäftigten schon die Philosophen der Antike; die Frage nach der Zeitumkehr ist gegenwärtig Forschungsgegenstand der theoretischen Physik. Die in diesem Band zum Thema „Zeit" zusammengestellten Arbeiten geben einen Überblick über die Wandlung des Zeitbegriffs aus physikalischer und philosophischer Sicht.

Enthalten sind neben einer Einleitung des Bandherausgebers Beiträge von Plotin, Aristoteles, Augustinus, Kant, Mach, Boltzmann, Poincaré, Bergson, Russell, Minkowski, Reichenbach, Wiener, Piaget, Gödel, v. Weizsäcker, Hund, Heckmann, Gardner, Prigogine/Stengers und Aichelburg.

Band 24 Brush, Die Temperatur der Geschichte. Wissenschaftliche und kulturelle Phasen im 19. Jahrhundert

Daß eine enge Wechselwirkung zwischen dem Theoriengebäude der Naturwissenschaften und den kulturellen Strömungen einer jeweiligen historischen Epoche besteht, ist vielen nicht bewußt, wird jedoch deutlich, wenn man die Physik des 19. Jahrhunderts im kulturellen Umfeld der jeweiligen Epoche betrachtet. Der Autor verfolgt die Entwicklungsgeschichte von thermodynamischen und statistischen Theorien im Kontext der kulturellen Strömungen Romantik, Realismus und Neoromantik. Es scheint, daß viele Begriffe der Wärmelehre zu Leitmotiven der kulturellen Strömungen wurden. So läßt sich beispielsweise der Versuch von Henry Adams verstehen, den Verlauf der Geschichte in Analogie zum Schmelzen oder Verdampfen einer Substanz zu beschreiben: Der Übergang von einer kulturellen Phase in eine andere erfolgt diskontinuierlich; auch können zwei Phasen nur in ganz bestimmten Situationen koexistieren

– genau wie zwei stoffliche Phasen nur bei einer ganz bestimmten Temperatur (konstanten Druck vorausgesetzt) nebeneinander vorliegen können. In diesem Sinne läßt sich auch der Geschichte eine „Temperatur" zuordnen.

Band 25 Rosenthal-Schneider, Begegnungen mit Einstein, von Laue und Planck. Realität und wissenschaftliche Wahrheit

Mit diesem Buch vermittelt die Autorin ein facettenartiges Bild der Ansichten der drei Physik-Nobelpreisträger Einstein, von Laue und Planck. Hierbei stehen philosophische und erkenntnistheoretische Fragen zur Relativitätstheorie und zur Quantenmechanik im Mittelpunkt. Anhand ihrer Gespräche, Diskussionen und ihres Briefverkehrs – sie stand seit ihrer Studienzeit mit den drei Physikern in Kontakt – verdeutlicht sie den Zusammenhang zwischen der Persönlichkeit der drei Männer und ihren philosophischen Haltungen. Das Buch enthält bisher unveröffentlichte Briefe Einsteins, von Laues und Plancks. In einem Vorwort beleuchtet der renommierte Wissenschaftshistoriker Arthur Miller das intellektuelle und wissenschaftliche Klima, in welchem die drei Nobelpreisträger arbeiteten, und erläutert die im Buch angesprochenen Probleme.

Band 26 Einstein, Über die spezielle und die allgemeine Relativitätstheorie

„Das vorliegende Büchlein soll solchen eine möglichst exakte Einsicht in die Relativitätstheorie vermitteln, die sich vom allgemein wissenschaftlichen, philosophischen Standpunkt für die Theorie interessieren, ohne den mathematischen Apparat der theoretischen Physik zu beherrschen. Die Lektüre setzt etwa Maturitätsbildung und – trotz der Kürze des Büchleins – ziemlich viel Geduld und Willenskraft beim Leser voraus. Der Verfasser hat sich die größte Mühe gegeben, die Hauptgedanken möglichst deutlich und einfach vorzubringen, im ganzen in solcher Reihenfolge und in solchem Zusammenhange, wie sie tatsächlich entstanden sind. Im Interesse der Deutlichkeit erschien es mir unvermeidlich, mich oft zu wiederholen, ohne auf die Eleganz der Darstellung die geringste Rücksicht zu nehmen; ich hielt mich gewissenhaft an die Vorschrift des genialen Theoretikers *L. Boltzmann*, man solle die Eleganz Sache der Schneider und Schuster sein lassen."

Albert Einstein
(Aus dem Vorwort)